工作三力

尽力 努力 能力

吴浩 编著

中华工商联合出版社

图书在版编目（CIP）数据

工作三力：尽力、努力、能力 / 吴浩编著. —— 北京：中华工商联合出版社，2023.3

ISBN 978-7-5158-3599-0

Ⅰ. ①工… Ⅱ. ①吴… Ⅲ. ①成功心理－通俗读物 Ⅳ. ①B848.4-49

中国版本图书馆CIP数据核字(2023)第027293号

工作三力：尽力、努力、能力

作　　者：吴　浩
出 品 人：刘　刚
责任编辑：关山美
封面设计：北京任燕飞图文设计工作室
责任审读：付德华
责任印制：迈致红
出版发行：中华工商联合出版社有限责任公司
印　　制：三河市宏盛印务有限公司
版　　次：2023年4月第1版
印　　次：2023年4月第1次印刷
开　　本：710mm×1020mm　1/16
字　　数：200千字
印　　张：12.5
书　　号：ISBN 978-7-5158-3599-0
定　　价：48.00元

服务热线：010－58301130-0（前台）
销售热线：010－58301132（发行部）
010－58302977（网络部）
010－58302837（馆配部）
010－58302813（团购部）
地址邮编：北京市西城区西环广场A座19—20层，100044
http://www.chgslcbs.cn
投稿热线：010－58302907（总编室）
投稿邮箱：1621239583@qq.com

目录 CONTENTS

尽力篇

努力篇

能 力 篇

尽力篇

无论在什么岗位，我们都需要把工作做好。全身心地投入工作，尽职尽责去做好工作、完成工作。

○热爱　　○忠诚　　○担当　　○责任

第一章 没有做不好的事，只有不尽力的人

热爱你的工作

热爱工作是一种人生智慧，也是一种生活态度。像热爱生命那样热爱工作，就要付出忠诚，拥有永不熄灭的热情，就要义无反顾、不求回报。热爱工作就是用心做好每一件事，用全部的热情对待每一个小细节，积极思考，努力寻找提高效率的方式，使工作每天都有新的惊喜和新鲜感；热爱工作就是用真诚对待工作中的每一个人，无论同事、上司还是客户企业的工作人员，都要站在他们的立场，真诚地对待、了解他们的需求并给予满足；热爱工作就是把简单或烦琐的事情注入个人的思想和情感，使工作成为一种良好的沟通和宣传工具，为自己的个人能力和品质代言。

每个企业都有自己的规章制度，约束着我们，也更好地塑造着我们，让我们成为一个有涵养、高素质的职业人士。所以，不要抱怨总是加班、

薪水太低、工作量太大，你要做的就是努力从工作中寻找到乐趣。

一个大学刚毕业的女孩，进入一家报社工作，她很兴奋，以为自己一进去就可以当记者，但事与愿违，领导让她到通联部抄信封。

“抄信封这种工作，只要是会写字的人都能干好，我一个大学毕业生难道只能干这种工作吗？领导也太小看我了吧？”

很多人遇到这种情况可能就干脆辞职不干了。

刚开始，女孩有点沮丧，但她转念一想：既然领导这么安排，肯定有他的原因，或许这份工作也有它的乐趣。抱着这样的心理，她不再抱怨，而是怀着满腔激情，把领导交代的工作兢兢业业地完成。三个月后，她一个人就能完成三个人的工作量。

领导看到了她的表现，觉得这个女孩工作踏实，对于别人不屑一顾的工作，她也能一如既往地热爱并做好。如果给她更重要的工作，她也一定能完成得很好。于是，领导给她重新安排了工作。后来，她担任了文摘版、理论版和副刊的编辑。

这位对那些毫不起眼的工作也能不厌烦，始终保持热情的女孩，就是被广大观众所喜爱的著名主持人——王小丫。

王小丫在工作中找到了快乐的源泉，她成功的秘籍是什么？其实就是发自内心地热爱自己的工作。一个人只有全身心地热爱自己的工作，才能乐此不疲地投身其中。工作并不是一件烦心的事，当我们懂得如何规划、设计自己的职业生涯，并学会处理工作中各种问题的技巧后，我们就会发现，工作原来如此美好。

有的人工作只是为了得到一份薪水，这样的人永远不会感受到工作的快乐，真正能从工作中感受到快乐的人从不把注意力放在金钱上，而是像热爱生命一样热爱工作。然而，如今很多人都缺乏这种对工作的热爱精神。

也许他们并不是不想热爱自己的工作，而是不知道怎么热爱。那么，我们应该如何做呢？

首先，找出你在工作中的重要价值。用心想一想：你在做什么？你是否认真做了这件事？你是否竭尽全力了？然后，再问一问自己：如果按照自己的意愿做了，那么结果是否会不一样。只有这样不断地问自己，你才能把事情做好，才能明白自己的重要价值，从而热爱自己的工作！

如果你认为工作不值得艰辛的付出，那么热爱工作就成了天方夜谭。如果在工作中找不到兴趣点或发现在工作的过程中你成了不想成为的人，那么你可以考虑是否是以下原因造成的：其实你并不需要一份新工作，只不过是要找一个生活的新方向；你是否喜欢工作中的自己，若答案为否，那么你能够做出改变吗？如果是工作本身的问题，你是否要换到另一个部门工作？是否有其他的原因使你无法完成该完成的工作？也许，你只要重新调整好自己，就能把工作做好，就能真正地热爱工作。

某所大学的图书馆内，读者经常将书籍放错位置，图书管理员请来一些大学生来做临时工，他们的任务就是协助管理员将书籍放归原处。许多同学来应聘这份工作，但是大多数同学认为这份工作非常枯燥乏味，干了几天就辞职了。只有一个瘦弱的小伙子心想：干这份工作有点像侦探在不停地寻找破案线索。这份工作在他眼里也因此变得非常有趣。于是，小伙子用心地投入到工作中去。

因为第一天开始工作，业务技能有些生疏，他只查到了几本书，但是他没有气馁，对工作始终抱有兴趣和热情。很快，他便掌握了技巧，整理图书的数量也变得越来越多。后来，小伙子离开这里时，图书管理员依依不舍，他觉得这个小伙子日后一定能有大出息。果然，多年后，那个小伙子成了一家著名企业的董事长。

上面这个故事说明了这样一个道理：热爱工作的人是幸运的，热爱自己的工作，拥有一个快乐、积极的工作心态是无价的。一些外部条件固然是我们生存的必需品，是我们无法回避的，但对具有良好修养的人而言，自己看中的是在工作中所能体现的自我价值与体会到的乐趣。当一个人对某项工作倾注全部心力时，他的身心会形成一种真正的和谐，即使那是一份很简单的劳动。

不是每个人生来就能够对某件工作产生浓厚的兴趣，通常兴趣爱好与艰苦的工作很难画上等号。所以，我们必须努力培养对工作的热爱，积极向上、爱岗敬业，才能从工作中找到乐趣，才能把工作做得有声有色，从而在群体中脱颖而出。

当然，这里所说的热爱工作，并不是要求每个人都成为工作狂，而是要我们忠诚地担负起工作上的所有责任，并且全力以赴地去做好所有的工作。

只有将热爱工作作为一种职业态度，我们才能取得成功和幸福。请时刻让自己记住这句话：我热爱我的工作，因为工作给了我快乐！

带着激情上路，才能走得更远

工作中，很多人常常是虎头蛇尾，或者是三分钟热度，开始的时候可能对工作还有点兴趣，还能付出努力，等到一段时间过去，他们的工作热情也就没了。

面对工作，我们需要保持激情，带着这份激情上路，才能让前进的脚步轻快而坚定。内心充满激情的人，总是以微笑面对生活，总是能够以饱满的热情投入工作。激情可以创造奇迹。

所以，别再垂头丧气，别再情绪低落，给自己多一点鼓励，让自己多一点激情。只有这样，你才能够在遇到困难的时候，义无反顾地向前走。

杰克·沃特曼退伍后，加入了职业棒球队，后来成了美国著名的棒球运动员。可惜，成名后的他动作疲软无力，总是提不起精神，最后被球队经理开除了。

经理说："你一天到晚慢吞吞的，一点儿都不像在球场上混了多年的职业选手。离开这里，不管你去哪儿、做什么，如果你还是没有责任心、没有激情，那么，你永远都不会有出路。"这句话深深地印在了杰克的心里，那是他有生以来遭受的最大打击。

杰克牢记着这句话，离开了原先的棒球队，加入了亚特兰大队。在加入球队 10 天以后，一位老队员又介绍他到了得克萨斯队。几经转换球队，他的月薪也减少了近七成，但这并未影响杰克的决心。在抵达球队的第二天，杰克发誓，要做得克萨斯队最有激情的队员。

杰克真的做到了。他一上场，强有力地击出高球，让对方接球的手都麻木了。他在球场上跑来跑去，他的激情感染了大伙儿，队友们也都兴奋起来。杰克的状态出奇地好，简直是超水平发挥，他不断地为球队得分。

第二天早晨，当地的报纸上说："那位新加入的球员，无疑是一个霹雳球手，全队的其他人都受了他的影响，充满了活力和激情。他们赢了，而且这是本赛季最精彩的一场比赛。"报纸的报道让杰克非常兴奋，这更让他坚定了保持激情的决心。

由于杰克的出色表现，他的月薪从原来的 25 美元一下子提高到 185 美元。在后来的两年里，他一直担任三垒手，薪水涨到了 750 美元。

有人问他："你是怎么做到这一点的？"

杰克说："因为一种责任感产生的激情，除此之外，没有任何别的原因。"

激情拥有神奇的力量，能把人全身的每一个细胞都调动起来，并感染团队中的每一个人。如果一个人充满激情地工作，那么，他就会认为自己所从事的是世界上最神圣、最崇高的职业。相反，那些没有激情的人会逐渐厌倦自己的工作，这样的人又能有多大的成就呢？

一个人如果没有激情，就不能把工作做好，而一旦对工作充满激情，便能够把枯燥乏味的工作变得生动有趣，让自己充满活力，进而取得不同凡响的成绩。

人生路上的每一次进步，职场生涯中的每一次飞跃，工作中迸发出的每一个智慧的火花，无一不是激情创造的奇迹。保持激情，就是保证自己拥有不断提高的动力。生活如果丧失了激情，那就如同白开水，没有味道，也不会精彩；工作缺少了激情，就如同汽车没有了油，很难跑得起来。那么，如何才能对工作保持不变的激情呢？这就需要我们对工作拥有很强的责任心。

你为工作付出十分的激情，它会回报你十二分的业绩。因此，若想在工作中脱颖而出，实现自己的价值，你就必须时刻拥有责任感。责任心会引爆你的激情，而当这种发自内心的巨大精神力量转化为工作中的行动时，一定能使我们更加自信；也能使我们坚定目标，全情投入；还能使我们坚持到底，收获成功，最终创造出辉煌的业绩，在职场中立于不败之地，品尝到成功的喜悦。

责任心是点燃工作激情的火种。无论你现在从事什么样的职业，处在什么样的职位上，不管你现在面对着什么样的困难，请记住：要永远拥有强烈的责任心。只有这样，你才能一直保持激情，将工作做到尽善尽美。

◆ 把职业当成一生的事业

每次有成功者分享经历体会，总少不了大批的围观者，其中有很大一部分人都想获得一点儿“秘诀”，试图把对方的成功复制下来。然而，多数出身平凡、白手起家的成功者，在分享奋斗历程时都会告诫那些渴望一蹴而就的人：成功没有捷径，摒弃所有的幻想，把工作当成事业，按部就班地努力，才是行得通的法则。

你能成为什么样的人，在于你的思想处于什么层面。对多数人来说，实现理想的最佳平台就是所从事的工作，那么你对工作的态度和看法，就决定了未来的质量和效果。

一个优秀的员工应当是这样的：对自己的工作满怀热情！一句话，将你的职业当成你的事业来做，它的荣誉感和使命感会立即将你工作中的一切不如意一扫而空。

很遗憾，在现代职场中，这样的员工只占少数。多数人还是停留在把工作当成养家糊口的差事阶段，根本不会去想荣誉感和使命感，甚至觉得公司出钱我出力，等价交换，互不相欠，不必过分认真。他们身上没有激情，每天都是懒懒散散地混日子，不求有功但求无过。

如果我们做一份职场调查，询问当下的一些年轻员工：你的事业是什么？绝大多数人可能都不会把目前从事的工作跟“事业”联系起来。大家总觉得“事业”应当是自己创业做老板，或是从事某一项经营活动，否则的话就只能称之为“打工”。在他们看来，打工不是长久之计，唯有自己去做一番事业，才算是成功。

这就很容易解释，为什么很多人对工作提不起兴致了。他们认为自己在“打工”，不是在“创业”；是在经营着别人的事情，而不是在经营自己的“事业”。所以，他们不愿意实打实地付出，得过且过，偷奸耍滑，就算做出了成绩，也觉得是别人的，没什么成就感。

这种观念本身就是错误的。成功有很多种，不是只有自己开公司做老板才叫成功，在工作岗位上成为一个领域内的精英，有无可替代的价值，那也是成功。一位企业家曾经讲：“只有把自己的工作当成第一份事业的人，才可能拥有自己的事业。”把第一份工作当成自己的事业，认真去对待它；把目前所做的工作当成事业，其他的都放在次要的位置，毕竟我们现在能够拥有的、能够去做的，就是眼下之事。

德国邮政女王格雷特·拉赫纳在15岁时进入一家邮政公司做学徒，非常辛苦，每天早上七点开始工作，晚上九十点钟才结束，打包、填单子、记账、打扫卫生，但凡跟这件工作有关的，她都在认真地做。

她也把这第一份工作当成自己的事业，而事实也证明，她学到的知识和技能到后来都成了财富。

美国石油大王洛克菲勒在给儿子的信中这样写道：“我永远也忘不了我的第一份工作——簿记员，那时每天都是天刚蒙蒙亮就得去上班，办公室里的油灯很昏暗，可我从来没觉得那份工作枯燥乏味，反而非常迷恋，就连办公室里的一切繁文缛节都无法让我对它丧失兴趣，正因为此，雇主每次都主动给我加薪。

“收入只是工作的副产品，做好你该做的事，出色地完成你该完成的任务，理想的薪水必然会有。更重要的是，我们辛苦工作的最高报酬，不是眼前所获得的，而是我们会因此成为什么样的人才。那些头脑活跃的人拼命工作绝不是为了赚钱，他们持续保持激情的目标，这比薪水更加诱人，也更加高尚。他们，是在从事着一项迷人的事业。”

日本有一项国家级的奖项，叫作“终生成就奖”。无数社会精英奋斗一生，都想能够获得这个奖。令人诧异的是，其中有一届的“终生成就奖”却颁给了一个“小人物”，他叫清水龟之助。

清水原来是一家橡胶厂的工人，后来转行做了邮差。开始，他也觉得这份工作挺枯燥的，没什么乐趣，在做满了一年之后，就萌生了退意。那天，他看见自行车的信袋里还剩下一封信没有送出去，心想：等我把最后一封信送完，就去递交辞职报告。

然而，这封信由于被雨水打湿了，字迹模糊不清，根本看不出来地址究竟是哪儿，清水花了几个小时的时间，还是没把信送到收件人那里。毕竟这是他的邮差生涯送出的最后一封信，清水发誓不管怎么样，也得让这封信抵达收件人手里。他耐心地穿过大街小巷，东寻西问，好不容易才在黄昏时刻把信送到了目的地。原来，这是一封录取通知书，被录取的年轻人已经焦急地等了多日，当他亲手打开这封录取通知后，激动地跟父母拥抱在一起。

看到如此感人的一幕，清水突然体会到了做邮差的意义。他想：“就算是简单的几行字，可能给收件人带去的却是莫大的安慰和喜悦，这是多么有意义的事情啊！我怎么可以辞职不做呢？”

自那以后，清水变得非常重视这份工作了，也看到了自己肩负的使命，不再觉得乏味疲倦，而是领悟到了这个职业的尊严和价值。就这样，他一干就是25年。从30岁到55岁，清水创下了25年全勤的纪录。他得到了人们的尊重。

把工作当成自己的事业，会感受到工作的快乐，会觉得每一份付出都是心甘情愿的，每一份成绩都能带来成就感。把工作当成自己的事业，能实现资本的原始积累，收获日后做大事的能力。要知道，创业不是盲目的，从来都是做熟不做生，而工作就是让你提升创业能力的最佳途径。把工作当成事业，还能学会如何与人相处，如何管理他人，练就管理者的素养。

不要抱怨眼下的工资太低，如果你无法通过这份工作实现人生积累，只能说明你做得还不够好。职业是基础，事业是发展，只有用对待事业的态度来对待自己的工作，才会在职业的发展中取得不断的进步，完成自己事业的规划。

责任心是尽力工作的保险丝

时下，不少人每天都在想办法寻求成功的捷径，恨不能一夜之间成为富翁。他们不愿踏踏实实地去做好手头的工作，他们做事不努力、不用心，凡事得过且过。

天下没有免费的午餐，职场上也不会有一步登天的奇迹。那些整天等着天上掉馅饼的人，只会渐渐丧失应有的责任心，让自己的工作效率越来越低。这样的人根本无法在工作中积累经验，更谈不上提升实力、取得成功了。

要想早日成功，必须得有拿得出手的工作业绩，没有责任心，怎么能在工作中得到提升的机会呢？

石油大王洛克菲勒年轻的时候，曾经在一家小石油公司工作。石油公司的生产车间里有这样一道工序：装满石油的桶通过传送带输送至旋转台上以后，焊接剂从上方自动滴下，沿着盖子滴转一圈，然后焊接，最后下线入库。洛克菲勒的任务就是注视这道工序，查看生产线上的石油桶盖是否自动焊接封好，这是一份简单而枯燥的工作。

没几天，洛克菲勒就厌倦了这份没有挑战性的工作。他本来想辞职，但苦于一时找不到其他工作，只好继续坚持着。后来他想，既然自己在做这份工作，就应该对这个岗位负责，把这个简单的任务完成好。于是，他就认真地观察起这道工序来。他发现，每个油桶旋转一周的时候，焊接剂刚好滴落39滴，然后焊接工作就完成了。

几天后，洛克菲勒有了一个新的发现：焊接过程中有一道环节，其实并没有必要滴焊接剂，也就是说，只需要38滴焊接剂就能把这道工序完成。他认为自己有责任解决这个问题。

洛克菲勒经过反复的试验，发现了一种只需38滴焊接剂就可完成工作的焊接方法，并将这一做法推荐给了公司。领导非常高兴，决定聘用洛克菲勒为这家公司的技术主管。很多人都非常不服气，他们认为那种只需38滴焊接剂就可完成工作的方法并没有什么出奇之处，别人也做得出来，为什么单单提拔洛克菲勒呢？

领导认真地回答，在这个工序上有很多员工，但是只有洛克菲勒一个人想到了要为公司节约这一滴焊接剂，这看似是一件小事，但是它反映了洛克菲勒有很强的责任心。更何况，别小看这一滴焊接剂，它每年能为公司节省数万美元的开支！

任何企业都需要全心全意、尽职尽责的员工，因为只有尽职尽责，才能把工作做到完美。不管你从事什么样的工作，都应该尽职尽责、追求完美，这不仅是一个人的基本职场素养，也是人生成功的重要因素。

有很多员工总是抱怨领导不给自己升职的机会，然而，当升迁机会真正来临时，他们却发现自己平时没有积蓄足够的学识与能力，以致不能胜任，只能眼睁睁地看着机会溜走，后悔莫及。

升职，意味着你可以站在更大的平台上，同时也意味着上司对你有更高的要求，你要承担更多的责任。

要升职，先升值。升值包括专业知识、工作经验、工作能力等各方面的提升。对于员工来说，只有自己有了价值，才能得到重用。因此，在工作中，每个人都要增强责任心，把手头上的工作做到完美，不断增强自己的竞争优势，这样才能脱颖而出，获得难得的升职机会。

责任心是完美工作的保险丝。有了责任心，才会对自己高标准、严要求，才能把工作做到精益求精。同时，在这个精益求精的工作过程中，我们才能展现自己的才华和能力，体现自己的责任心，凸显自己的个人价值。

在职场上，有些人因为出身平凡，或学历不高，或饱经挫折，就否定自己，放弃了梦想。但也有一些人总在兢兢业业地做着他们该做的事，即使自己的职位非常低，也丝毫不会减弱对工作的热情，他们就像马丁·路德·金说的那样："如果一个人是清洁工，那么他就应该像米开朗琪罗绘画、贝多芬谱曲、莎士比亚写诗那样，以同样的心态来清扫街道。他的工作如此出色，以至天空、大地和居民都会对他注目赞美——瞧，这儿有一位伟大的清洁工，他的活儿干得真是无与伦比！"他们不会轻视工作，只会不断地努力付出。有人觉得这种行为很傻，可事实上，他们在这个过程中提升了自己的价值，赢得了领导的赏识，一点点地朝着自己的理想靠近。

也许你感觉自己在工作中已经做得非常好了，但你是否真的已经竭尽全力把每件事情完成得尽善尽美了呢？当你想要偷懒、想要抱怨、想要放弃时，记得提醒自己：责任感是完美工作的保证，只有把工作做到完美，才能实现自己心中的愿望，才能让职场之路一帆风顺。

糊弄工作就是糊弄自己，对工作负责就是对自己负责

在日常工作中，能力的差异固然会产生不同的工作效果，但职场上的天才很少，愚笨的人也不多，在能力方面，大家都是差不多的。即便是两个能力不相上下的人从事相同的工作，结果也会大相径庭。有的人做得干脆利落、尽善尽美，有的人却做得马马虎虎、不尽如人意，这是为什么呢？

因为他们的工作态度不一样，由此产生的工作结果自然大不一样。有些人工作没有责任感，因此对待工作马马虎虎，抱着应付了事的心态去敷衍工作。如此一来，不仅会为企业带来损失，也不利于自己的发展，可谓是“损人不利己”。

实际上，糊弄工作就是在糊弄自己，对工作负责就是对自己负责。

阿诺德和布鲁诺是同一家企业的员工，他们拿着同样的薪水。可是，一段时间之后，阿诺德便加薪了，而布鲁诺却还是老样子。

布鲁诺一肚子的怨气，他觉得上司对自己很不公平。一天，他到上司那里发牢骚，布鲁诺的上司一边耐心地听着他“诉苦”，一边在心里盘算着如何向布鲁诺解释清楚他与阿诺德之间的差别。

终于，上司说话了：“布鲁诺，你先完成一项工作，然后我会告诉你，你和阿诺德现在有不同待遇的原因。你到集市上去一趟，看看今天早上有

什么东西卖。”

布鲁诺去了集市上，回来后向上司汇报：“集市上只有一个农民拉了一车土豆在卖。”

上司问：“有多少土豆？”

布鲁诺又跑到集市上，回来告诉上司共有40袋土豆。

“价格是多少？”

布鲁诺叹了口气，第三次跑到集市上去问价格。

待布鲁诺气喘吁吁地回来后，上司对他说：“好了，现在你坐在椅子上，别说话，看看阿诺德是怎么做的。”

上司吩咐阿诺德也去集市上看看。阿诺德很快就回来了，他向上司汇报：“到现在为止，只有一个农民在卖土豆，一共40袋。这些土豆的质量很不错，我带回来一个，您可以看看。这个农民一小时后还会运来几箱西红柿，价格还挺公道的。据说，昨天他的西红柿卖得很快，库存已经不多了。我想，物美价廉的东西您可能会进一些，所以我把那个农民带来了，他现在就在门口等着呢！”

这时候，上司转过头对布鲁诺说：“现在你该知道为什么阿诺德的薪水比你高了吧。”

布鲁诺仅仅满足于按照领导的吩咐去做事，他没有进一步去想，领导让他去看看市场上有什么东西在卖，是想获得什么信息。布鲁诺很明显是在敷衍工作，保持这样的工作态度，他怎么可能得到重用呢？

工作是一个人在社会上赖以生存的手段，员工需要工作养家糊口，需要给自己找一个饭碗，因为我们谁都不想食不果腹、衣不蔽体，这是工作最基本的功能。

然而，除此之外，工作还有一个更重要的功能，那就是实现自我的价值。马克思说过：“劳动是人的第一需要。”也就是说，工作是实现自我价值的最重要的手段。作为员工，我们要时刻铭记，当你进入一家企业的时候，自己的经济利益和更高层次的心理需求就已经和工作、企业绑在了一起，对工作负责就是对自己负责。反之，糊弄工作就是糊弄自己，不仅提升不了我们的价值，还可能打破我们赖以糊口的饭碗。

小男孩米奇在一个社区给鲍勃太太割草打工。

工作了几天后，他到一个公用电话亭给鲍勃太太打电话：“您需要割草工吗？”鲍勃太太回答：“不需要了，我已经有割草工了。”

米奇又说：“我会帮您拔掉草丛中的杂草。”

“我的割草工已经做了。”鲍勃太太说。

“那么，我会帮您把草坪中间的小路打理干净。”

鲍勃太太说：“真的谢谢你，我请的那人也已做了，我真的不需要新的割草工人。”

挂了电话后，米奇的伙伴杰瑞非常不解地问他：“真想不明白，你不就在鲍勃太太那儿割草打工吗？为什么还非要多此一举地打这样一个电话呢？”

米奇笑了笑，说：“我只是想知道我做得够不够好！”

在职场上，我们要学会反思自己，清醒地认识到自己对待工作要有责任感，不要糊弄工作，努力培养自己尽职尽责的精神，多问自己“我做得够不够好”“我是不是尽到了责任”“我有没有糊弄工作”。

对工作负责，就是对自己负责。对工作的态度决定了一个人在工作上所能达到的高度，而在工作上的成就很大程度上决定了一个人的人生价值。一个对工作有强烈责任感的员工，就能为公司的利益付出，进而就能够不断实现自身的价值，在工作中崭露头角，比别人更容易获得加薪和晋升的机会，为自己事业的成功奠定坚实的基础。因此，无论是初入职场的新人，还是工作经验丰富、小有成就的人，都绝不能糊弄自己的工作，要时刻对工作保持强烈的责任感。

第二章
坚守岗位，忠于职守

秉持忠心，守住公司的秘密

做事先做人，一个人无论成就多大的事业，人品永远是第一位的，而人品的第一要素就是忠诚。对公司忠诚的人，会自觉地维护公司的利益，绝不会出卖公司的任何商业机密，这也是一个职场中人最基本的职业道德。如果员工连保守公司秘密这个最基本的职业道德都不能恪守，那么他不仅谈不上得到更大的发展，就连职场上的立足之地都会失去。

克里丹·斯特曾经担任美国一家电子公司的工程师，他对工作一直兢兢业业，干得非常出色。但是，由于他所在的这家公司资金力量不是很雄厚，规模比较小，因而时刻面临着实力较强的比利孚电子公司带来的竞争压力，处境很艰难。

有一天，比利孚电子公司的技术部经理邀请克里丹共进晚餐。饭桌上，这位经理向克里丹建议，只要他把公司里最新产品的数据资料拿一份出来，这位经理就给他很高的回报。

没想到，一向温和的克里丹听到这话之后非常愤怒："不要再说了！我们公司虽然规模不大，处境也不好，但我绝不会出卖自己的良心做这种见不得人的事，任何一位恪守职业道德的人都不会答应你的这种要求！"

"好，好，好。"这位经理见克里丹反应如此强烈，不但没生气，反而接连说了三个"好"字。他颇为欣赏地拍了拍克里丹的肩膀，"好了，不要生气了，这事就当我没说过。来，干杯！"

不久以后，克里丹所在的公司因经营不善而破产，克里丹也随之失业了。克里丹不停地寻找着就业机会，可一时很难找到合适的工作，他只好焦虑地等待着。没过几天，克里丹意外地接到了比利孚电子公司总裁的电话，对方让他来一趟比利孚电子公司。

克里丹百思不得其解，不知这家实力雄厚的昔日对手找他有什么事。他疑惑地来到比利孚电子公司，比利孚电子公司的总裁热情地接待了他，并且拿出一张聘书，原来他们要聘请克里丹做技术部经理。

克里丹非常惊讶，比利孚电子公司效益很好，公司内部人才济济，为什么偏偏选中了他呢？总裁告诉他，公司原来的技术部经理退休了，他向自己说起了那件事，并特别推荐了克里丹接替他的工作。最后，总裁哈哈一笑，说："小伙子，你的技术是出了名的优秀，但这不是让你担任这个重要职位的主要原因，你的忠诚才是最让我佩服的，你是值得我信任的那种人！"

克里丹一下子明白了，原来是自己对原公司的忠诚，自己恪守职业道德的品质，为自己带来了这个难得的机遇。后来，他凭着自己的不断努力，一步一步成为一名一流的职业经理人。

有些人时时刻刻惦记着自己的利益，工作只不过是他们用来谋求利益的手段。在他们眼里，公司的利益和自己毫无关联。这样的人，既不忠于公司，也不忠于工作。只要出现更好的机会，他们就会毫不犹豫地抛弃公司。更有甚者，这些人为了一时的利益，竟会出卖公司的机密，这也是一种最愚蠢的行为。

泄露公司机密，不仅是一种背叛公司的行为，更是一种背叛自己的行为。泄露公司机密在出卖忠诚的同时，也出卖了自己的职业道德。

忠诚是无价的，一个人靠出卖忠诚来换取利益，这种行为只能使他名誉扫地，不但在原公司中无法立足，任何一个理智的领导也不会养虎为患，收留这种人。最终，他将失去自己最大的利益——实现自己人生价值的机会。

有一位才华出众的年轻人，他先在一所知名大学修了法律课程，又在另一所知名大学修了工程管理课程。这样优秀的人才，理应工作顺利，前途无量。可是，事实并非如此，他反而上了多家企业的黑名单，成为这些企业永不聘用的对象。

原来，他毕业后去了一家研究所，参与研发了一项重要技术。接着就跳槽到一家私企，并以出让那项技术为代价做了公司的副总。不到三年，他又带着公司机密跳槽了。

就这样，他先后背叛了好几家公司，许多大公司得知他的品行后，都不敢聘用他。如今，他已经被多个企业列入了黑名单，惶惶如丧家之犬。

从古到今，没有谁不需要忠诚。领导需要他的下属忠诚，夫妻、朋友之间都需要对方忠诚。在职场上，机密关系到企业的成败，关系到公司的利益和声誉。作为一名合格的员工，我们一定要恪守自己的职业道德，对公司的秘密做到守口如瓶。严守公司秘密，是员工取得领导信任的重要一环。

我们还要时刻提醒自己，不要在无意中泄露公司的秘密。如果保密思想不强，说话随便，那么就很容易说出不该说的话，从而造成泄密。当今社会，信息就是利益，不经意地泄密，就很可能使公司陷入被动，甚至会给企业造成极大的损失，造成不可挽回的影响。所以，一定要处处以企业利益为重，处处严格要求自己，做到慎之又慎。

职场是个诱惑颇多的地方，所以那些能够守护忠诚的人就更显得珍贵。作为一名员工，你时刻都要牢记：只要是公司的一员，就有职责为公司保密。恪守职业道德，也必将给自己带来长久丰厚的回报。

忠诚比能力更重要

当今社会经济飞速发展，职场竞争日趋激烈，人们在工作中都在不断地学习进步，以提高自己的能力，适应激烈的竞争环境，在职场上站稳脚跟。时代在变化，遇到的问题也在不断变化，人们的工作方法也会随之变化，能力也在不断提高，但是，工作需要的尽职尽责和忠诚是永远不变的。

现代企业中，有远见的领导者在用人时第一看重的不是能力，而是个人的忠诚度。企业的用人要求是：忠诚第一，能力第二。忠诚体现在工作上，就是一种对工作的责任心和使命感。如果说能力是个人发展的动力，那么，忠诚就是职场生存的根本。

小刘是一家国际贸易公司业务部的业务员，他是一个很有能力的人，每个月都能拿到不少的订单。但是，有一次部门经理在计算业绩的时候漏掉了一份订单，从而漏发了小刘3000元的提成。总经理知道这件事情以后，将这笔钱补发给了小刘，但是小刘觉得部门经理妒忌他的能力，是故意漏掉他的订单。

这件事发生以后，小刘跟部门经理发生了一次激烈的冲突，小刘对此事一直耿耿于怀。慢慢地，他在这个公司里看谁都不顺眼了，对待工作也开始应付起来，甚至准备跳槽到竞争对手那里，以此来报复现在的公司。

为了向竞争对手邀功，小刘私下里把公司重要的客户信息透露给了对方，还给对方提供了公司给客户的报价。凭着小刘提供的这些资料，竞争对手很快动用手段把公司的几个重要客户拉走了。公司里从领导到普通员工都非常着急，小刘却在为自己的阴谋得逞而窃喜。除了这些，他还匿名向当地的工商税务部门举报，抹黑公司的形象，虽然公司没有什么财务问题，但他这样做还是给公司的名誉带来了损害。

最后，公司知道了是小刘在背后捣鬼，给整个公司带来了很大的损失，总经理就把小刘开除了。

小刘灰头土脸地走了，他本以为自己会受到竞争对手那家公司的重用，但是等到他主动找上门去，幻想着一去就能成为公司骨干的时候，他没想到自己竟然受到了冷遇。对方明确地告诉他，像他这样不忠诚的员工，公司是不会要的。一个员工如此对待老东家，新公司自然也担心他以后如法炮制，这样的员工就像一颗随时会爆炸的炸弹，谁知道什么时候公司就会为他付出巨大的代价！

最后，小刘不仅没得到更好的工作机会，还落了个恩将仇报的骂名，当地同行业的公司都对他敬而远之。

小刘虽然很有能力，但是他对公司的责任心却敌不过那点小心眼儿，他的忠诚显然不足以让他恪守职业道德。由于他的不忠诚，他的能力对公司产生了巨大的破坏力，给公司带来了巨大的损失。当然，他自己也成为不忠诚行为的受害者。

作为员工，我们要对自己的工作和岗位忠诚，对自己的企业和领导忠诚。一旦失去忠诚之心，做出违反道德准则或有悖于职业操守的事情，最终只会搬起石头砸自己的脚，受害者还是自己。忠诚胜于能力，只有对企业和团队忠诚的人，领导才会放心地把重要工作交给他，才能把重要的职位交给他。如果一个人的忠诚度被人怀疑，别说没有好的职位在等他，恐怕他连工作的机会都没有。

很多有才华、有能力的人在工作中忽略了忠诚，他们不明白为什么明明自己能够胜任工作，做事也没有什么大的失误，那么长时间了，领导就是不提拔重用自己呢？

这些人也许在刚进入公司时，还是有很强的责任心的。然而，随着时光的流逝，他们对公司的忠诚度也逐渐下降，他们的能力和才华仅仅被浪费在了应付工作上。失去了责任心和忠诚心，他们的能力和才华也很难百分之百地发挥出来。这是一件很可悲的事情，他们不懂得忠诚比能力更重要，领导需要他们忠诚的时候，他们却只剩下了能力。

如果员工为了个人利益而置公司利益于脑后，经不起金钱的考验，辜负了企业的信任，无论他有多大的能力，领导都不会对他放心，更不会让他承担很大的责任。因为对于公司而言，不忠诚的人能力越大，所处的位置越重要，他的不忠对公司造成的危害就越大。

相反，那些对公司忠诚的员工，往往有着良好的心态和高度的责任心，他们不会去做不利于公司的事情。哪怕他们的工作普通、职位不高，哪怕没什么能力，他们也会抱着忠诚的态度，脚踏实地地投入到工作中去，尽到自己的职责。这样的人即便身在平凡的岗位上，也能创造出不平凡的成绩。

用敬业实践忠诚

很多人虽然明白忠诚对公司发展和个人前途的重要性，但是却不知道怎样才算忠诚，没有人向他打听公司的机密，也没有人暗中拉拢他跳槽。那么，是否这样就无法实践自己对工作和公司的忠诚了呢？

很显然不是的，忠诚就是要对工作尽职尽责。在职场上，我们的忠诚是用敬业来实践的。

有些人也许觉得自己只不过工作不是特别认真而已，算不上不忠诚，其实不然。一个对待工作不够认真的员工，其忠诚度本身就值得怀疑。因为忠诚是敬业的基础，只有心怀忠诚，才能激发出员工对工作的责任感和使命感。

所以说，忠诚的员工是那些对待自己的工作有敬业精神的员工，忠诚的员工会在自己的岗位上兢兢业业、尽职尽责地工作，他们用敬业来实践自己的忠诚。如果一个人真的忠于职守，忠诚于自己的工作和公司，那他又怎么可能不敬业呢？

田伟军是一名退伍军人，几年前经人介绍，他来到了一家电器工厂做仓库管理员。

虽然他的工作并不繁重，无非就是平时开关大门，做做来访登记，下班的时候关好门窗，排查安全隐患，注意防火防盗等，但是田伟军在工作中却非常认真，一丝不苟。

除了做好本职工作，田伟军一有时间就整理仓库，将货物按区域分门别类，摆放得整整齐齐，并且每天都对仓库的各个角落进行打扫清理，一点儿都闲不住。

田伟军担任仓库管理员五年以来，仓库一直井井有条，没有发生一起失火失盗事件，工作人员在提货时都能在最短的时间内找到所需的货物，大大提高了工作效率。在工厂建厂50周年的庆祝大会上，领导按十年以上老员工的待遇，亲自为田伟军颁发了两万元奖金。

很多老职工都不理解："为什么田伟军才来厂里五年，就能够得到如此高的奖励呢？"

对于很多人的疑惑，领导给出了解释："田伟军来厂工作的五年里，仓库没有出现一起事故，相对于以前三天一小事、五天一大事的情况来说，简直有天壤之别。作为一名普通的仓库管理员，田伟军能够做到五年如一日地不出任何差错，而且积极配合其他工作人员的工作，对自己的岗位忠于职守，以自己的尽职尽责表达对公司的忠诚，这些都是非常可贵的。"

最后，领导说："你们知道我这五年中每次检查仓库有过几次不满意吗？一次没有！鉴于田伟军对公司和岗位的忠于职守，我觉得给予他这个奖励天经地义！"

故事中的田伟军正是用敬业实践着自己的忠诚。一个忠诚的员工会时时处处为公司着想，用他的敬业精神维护公司的利益。这样的员工才是忠诚的员工，任何企业都渴望拥有这样的员工，也不会吝啬于给这样的员工以相应的回报。

平凡的岗位、简单重复的工作、微薄的薪水、日复一日的付出……工作方面的种种不如意很容易让人失去刚参加工作时的饱满激情，他们会慢慢地产生厌倦，对待工作不再尽职尽责，不再严格要求自己对公司忠诚，变得浮躁而好高骛远。

也许他们认为，只有自己非常喜欢或者是轻松和高薪的工作，才值得去热爱，这样的工作才能倾注自己的忠诚和敬业，才能吸引自己付出更多的努力。然而，他们不知道，在一个公司中，虽然工作有分工，岗位有不同，但责任没有大小、轻重之分。公司的每一位员工都有责任为公司利益着想，有责任维护好公司的利益。而且，越是平凡的工作越能考验一个人对待工作的忠诚度和敬业心，于细微处往往更能看出一个人是否有责任感。

所以，无论你身在什么职位，都需要用敬业实践忠诚。敬业不是得过且过地应付，而是从心底里热爱自己的工作，并为工作全力以赴地付出。忠诚于工作和公司并不是用嘴说说就行的，它需要员工用敬业精神来付诸行动。

忠诚的人从来不会怀才不遇，因为他们在任何岗位上都能够兢兢业业地对待工作，用敬业实践着自己的忠诚，体现着自己的价值。是金子总会发光的，忠诚敬业的员工也一定能一步一个脚印地在竞争激烈的职场上脱颖而出。

忠于职守，勇敢面对困难

在职场上，总有一些员工不安于自己的岗位，对待工作挑三拣四，喜欢找那一些简单轻松的工作来做，却将那些复杂困难的工作留给别人。

他们并不是做不了，而是不愿意去做，这种做法很明显不是工作能力的问题，而是工作态度的问题。

在职场中，管理者最欣赏的就是那些能用务实的态度来坚守自己的岗位的员工。对于领导来说，这样尽职尽责、忠于职守的员工是一笔宝贵的财富，是推动企业不断发展壮大的中坚力量，他们愿意给予这些员工更广阔的发展空间和更多的晋升机会。

鲍勃尔原本是企业的一名普通生产工人。企业招聘营销人员时，他主动请求调入营销部门，并顺利通过了所有测试。

当时，鲍勃尔所在的企业规模还很小，总共只有三十多人，因此，公司每个区域的市场开发和维护工作只能派一个人负责。鲍勃尔被派到了西部区域的一个市场。

在这个完全陌生的城市里，鲍勃尔吃尽了苦头，但凭着对企业的一片赤诚之心，他丝毫没有动摇。没钱坐车，他就步行，挨家挨户去推销企业的电器产品。为了等一个约好的客户，他常常顾不上吃饭。

他租住的是当地人闲置的车库，车库里没有电灯，即使白天也非常昏暗。更为要命的是，这个城市的春天经常有沙尘暴，夏天时常会下暴雨，冬天又冻雨连连。不仅如此，企业所能提供的资源也差到超乎鲍勃尔的想象，连产品宣传资料都无法及时足量供应。鲍勃尔只好自己买复印纸，自己动手写宣传资料。

在这样的条件下，鲍勃尔始终没有退缩，他对自己说：“我必须忠诚于我所从事的这份工作。”一年后，被派到全国各地的营销人员都回来了。其中有六个人早已不堪忍受工作的艰辛而悄悄地离职了，鲍勃尔坚持下来了，而且他是干得最好的那个。

最好的员工当然会有最好的回报，三年后，鲍勃尔被任命为市场部总监，公司的事业也蒸蒸日上。

坚守自己的岗位，做好本职工作，是一个人最基本的职业道德。无论你是管理者还是普通员工，无论你是学富五车的大学教授还是目不识丁的农民，无论你是将军还是士兵，只有尽善尽美地完成本职工作，你才算是称职的。

鲍勃尔没有在企业面临困境时离开，也没有在工作遇到困难时退缩，而是想尽一切办法完成任务，这种尽职尽责的精神，令人钦佩。试问：假如你是领导者，这样的员工你会不喜欢吗？

在企业中，总有一些岗位是大部分人不喜欢去做的，这些岗位要么是脏、累、差的体力劳动，要么是技术含量低的重复性工作，还可能是难度系数太大的“硬骨头”。对这样的工作，很多人都是避之唯恐不及。但工作总要有人来做，因此，当这种任务落到一些人头上时，他们就非常不情愿地去应付了事，而不是本着尽职尽责、忠于职守的态度去尽心尽力地完成。假如不喜欢的工作就没有人去做了，那么这项工作怎么才能完成呢？工作环节出了疏漏，企业又要如何正常运转下去呢？失去企业这个发展平台，个人又将如何自处呢？

忠诚的员工不会因为工作岗位的不同而采取不同的工作态度，无论困难还是容易、复杂还是简单，他们都会用同样的忠诚和责任感去面对。忠诚决定着员工的工作态度，一个对工作岗位做不到忠于职守，面对困难就退缩的员工，如何能得到企业的信任呢？同样，一个只会做简单容易的工作，从来都不敢挑战困难的员工，又如何能够取得真正的成功呢？

有时候领导让你做一些小事，其实是为了锻炼你做大事的能力；让你在苦、累、难的岗位上摸爬滚打，是为了考察你有没有尽职尽责、忠于职守的优秀品质，这才是领导者布置任务的初衷。

如果要想在职场上获得发展的机会，就不能急功近利、过于浮躁，而是要踏踏实实地做好现在的工作，即使是普通平凡的工作，也要全心全意付出，忠于自己的工作岗位，在工作中不断积累自己的经验，提高自己的能力，增长自己的学识，如此才能为自己以后在职场上的飞跃积蓄力量。

◆ 忠诚才能赢得信赖

在职场中苦苦奋斗、拼搏多年的你，是否经常会有这样的感觉或经历：你忠心耿耿、鞍前马后地追随领导多年，却得不到领导的重用和提拔；你能力超群、才华出众，却总是得不到领导的认可；你自信能够在工作中独当一面，领导却从不给你机会，让你无法放开手脚去干……凡此种种，都透露出一个信息，那就是你的领导不相信你的能力，不相信你对企业的忠诚，他认为你不值得信赖。

任何一个精明能干的员工，如果没有领导的信任，都很难在广阔的事业天地中充分发挥出个人的聪明才智，也很难顺利实现事业的成功。那么，我们如何才能得到领导的信赖呢？

要学会站在领导的角度考虑问题。在大多数情况下，领导总是站在更高的角度看待问题，有着更宽的视野，能通观全局。如果你能经常按时或提前完成任务，甚至比领导期待的结果更好，领导自然会逐渐对你重视起来，对你产生信赖感，并放心地把更重要的工作交给你，你将因此获得更多的机会，提升自己的能力。

做事要认真负责，严谨果断。如果你身居关键岗位，就更应该具备严谨的工作作风，即使简单的工作也要认真对待。做事严谨有利于避免因疏忽而导致的错误和不必要的损失。

要有绝对的忠诚。任何一位领导都非常在意下属是否忠诚，作为下属要严守公司机密，说话谨慎，守口如瓶，这是最基本的职业操守。

具备较强的专业知识和综合能力，就是最大的实力。强将手下无弱兵，每个上司都希望自己的团队实力强，具备不可替代的竞争优势，如果你能成为骨干员工，那么自然能得到领导的重视。

不要被职务范围和岗位职责所限定，认为有些事情不是你的分内工作，而是要迅速学会一些与自己相关的工作，将其视为新的机遇与挑战，使自己接触到更多新事物，广泛地学习各种知识和技能，从而提升自己的综合能力。在市场形势急剧变化的情况下，突发情况随时可能发生，要有意识地培养自己灵活适应的能力。既然变化无可避免，与其消极懈怠，不如积极迎接挑战。

信任分两种，一种是对人品的信任，另一种是对工作能力的信任。如果你对工作推脱扯皮，表现得非常懒惰或者没有自信，你就会失去领导的信任。勇于接受任务，是积极、自信、有魄力的一种表现。撇开自身能力不谈，领导肯定会对你的人格品质表示赞赏。

如果你在接受领导交付的任务时信誓旦旦，到头来却迟迟不付诸行动，或者拖拖拉拉不见成效，那么，领导肯定会对你产生不信任感。相反，如果你每次都能保质保量地完成任务，领导一定会对你另眼相待。

即使你与领导交往甚多，表现得很好，领导也不一定对你产生信任感。因为谈得来和能否信任是两码事。你不能凭主观的判断就认为，领导对你很了解，所以很信任你。因此，勤于沟通，让领导知道你随时随地在干什么很重要。比如你把一件事情办得很完美时，记得一定要向领导汇报，不要以为领导什么都知道。多与领导沟通，多向领导请教、汇报，让领导对你的能力有更全面的了解，你才能更好地得到领导的信任。

不要使自己成为“去处不明”的人。离开办公室时，要把自己的行踪告诉同一个办公室的人，让大家方便找到你；预先知道要开会，最好不要请假或走开。

在工作中，得到领导的信赖，对你事业的成功将有事半功倍的作用。每一个在事业上拼搏的人都希望得到领导的信赖，你需要用实际行动争取早日获取领导的信赖，从而为自己的职场成功之路打好基础。

第三章
勇于担当敢行动

不为失败找借口，只为成功找方法

在职场上，要想成为一名出色的员工，在工作遇到问题时，就要尽自己最大的努力去寻找各种解决方法。管理大师余世维说过：“生活中只有两种行动，要么是努力的表现，要么是不停的辩解。”这两种态度正是成功者和失败者面对问题时的不同写照。一流的人找办法，末流的人找借口，只要精神不滑坡，办法总比困难多。好的办法会令你事半功倍。借口只属于弱者，强者不需要任何借口，他们在踏踏实实地做事中逐渐成长。

好方法是通往成功的捷径，而借口则是成功路上的阻碍。不要为自己的失败寻找百般借口，而要为成功不懈地寻找方法。只要你处处留心，注意找方法，那么人人都能成为成功者，处处都有成功的良机。

在美国新墨西哥州的高原地区，有一位靠种植苹果谋生的园主。这年夏天，一场冰雹把已长得七八成熟的苹果打得遍体鳞伤、坑坑洼洼，这令丰收在望的园主心痛不已。

一个月后，这些苹果的“伤口”虽然渐渐愈合了，但成熟的苹果已变得面目全非。园主随手摘下一个满身疤痕的苹果尝了一口，却意外地发现这些被冰雹打过的苹果变得清脆异常、酸甜可口。这时，园主的心情一下子变得豁然开朗了。他决定换个说法和卖法，把这些伤痕累累的苹果成功地推销出去。

他在发给每一个客户的订单上清楚地写道：“今年的苹果终于有了高原地区的特有标志——被冰雹打过的明显痕迹。这些苹果不光从外表上，而且从口味上更加体现了高原苹果的独特风味，实属难得的佳品。数量有限，欲购从速。”于是，人们纷纷前来品尝这种具有“高原特征”的苹果，并获得了一致好评，苹果很快就销售一空了。

很多事情，因为你觉得难，所以它才变得很难。但是我们要相信，只要找到合适的方法，一切难题都能迎刃而解。其实工作不在于你怎么做，而在于你想怎么做。一个善于和勤于思考的人，总是能找到完成工作的最好办法。

借口是工作的“拦路虎”，而方法能让你一往无前。

主动找方法来解决问题的人，总是职场中的稀缺资源。假如你通过找方法做了一件乃至几件让人佩服的事，你很快就能脱颖而出，并获取更多的发展机会。

有些人之所以不成功，就在于他向问题投降，无端地将问题放大，把自己看轻。其实，越努力去找方法的人，便越能找到好方法，越能创造出更高的价值。这不仅能够提高我们找方法的自信，而且还可以让我们发现越来越多找方法的窍门。所以，在遇到困难的时候，我们一定要用这句话来警示自己——“只为成功找方法，不为失败找借口”。世界上没有我们解决不了的困难，只要积极地想办法，一切困难都能被解决，也只有积极找方法的人，才能为公司做出更大的贡献、获得更大的成功。

曾获美国职业篮球协会（NBA）最佳新人奖的杰森·基德曾讲述过影响他一生的一件事：小时候，父亲常常带他去打保龄球，但是他打得不好，为此，他总是找各种借口。有一天，当他再一次对自己打得不好找借口的时候，父亲毫不客气地打断了他：“别再找借口了，你打得不好，是因为你不练习，又不愿意总结。假如你好好练，就不会这样讲了。”

父亲的这句话让他深受启发。此后，他在练习中一旦发现自己的缺点，就想尽办法去纠正。不管是打保龄球还是打篮球，他都要求自己做到两点：第一，比别人投入更多的时间和精力去练习；第二，时刻总结经验教训，找出最好的方法来提升自己。也正因为这两点，他最终成了全美最优秀的球员之一。

是啊，一个人如果想找借口，一定有找不完的借口。其结果呢，只会让自己在抱怨和痛苦中止步不前！与之相反，如果你下定决心找方法，往往就能找到解决之道。其结果就是在不断地付出和找方法的过程中，使自己的境遇得到极大的改善！

如果找借口，你就会寸步难行；如果找方法，你就能前途无量！成功从来不会眷顾那些寻找借口的人！成功只属于那些没有任何借口、力争做到最好的人！以各种借口“忽悠”工作的人，最终“忽悠”的其实是自己！

在当今社会，不管是管理者还是员工，要想站稳脚跟、求得发展，就必须把“没有任何借口”的工作态度作为自己最基本和最重要的素养。没有任何借口，这是对责任的承诺；没有任何借口，这是对义务的保证；没有任何借口，更是对自己命运的彻底负责！

借口给人带来的严重危害是让人消极颓废。如果养成了寻找借口的习惯，总是认为“我不行”“我不可能”，这种消极心态会剥夺一个人成功的机会，最终让人一事无成。

优秀的员工从不在工作中寻找任何借口，他们总是把每一项工作尽力做到超出客户的预期，最大限度地满足客户提出的要求，而不是寻找各种借口推诿；他们总是能出色地完成上级安排的任务，替上级解决问题；他们总是尽全力配合同事的工作，对同事提出的帮助和要求，从不找任何借口推托。

是的，千万别找借口！成功学家格兰特纳说过这样一段话：如果你有自己系鞋带的能力，你就有上天摘星星的机会！让我们改变对借口的态度，把寻找借口的时间和精力用到努力工作中来。因为工作没有借口，人生没有借口，失败没有借口，成功也不属于那些寻找借口的人！

工作要雷厉风行，绝不能拖拖拉拉

你做事是否总是拖拖拉拉，应该今天完成的事却一定要拖到明天、后天，甚至更久以后？很多人在生活中都遇到过这样的情形，眼看着某项工作的最后完工期限临近，自己却依然不务正业，将时间耗费在各种乱七八糟的闲事上。这种表现日积月累必将导致你一事无成。每个人都可以适当地对自己做一些调整，以缓解上述的“职场拖延症”。不要总是想着把今天的事推到明天去做。“今日事，今日毕”不仅体现着一个人良好的习惯，而且还反映出一个人积极的生活态度。

人的一生不过短短几十年，能有多少个明天让我们浪费呢？所以，我们做事要积极不拖沓，抓紧时间做好当下的事情。否则，我们将无法取得更大的成绩。

假如你发觉自己对于某一件事有拖延的倾向，那么不管处于什么样的困难中，也要不畏难、不偷安，要立刻行动起来将事情做完。这是拯救拖延症唯一的方法，多拖延一分，难度就会加大一分。只要每次都这样去做，久而久之，你就能改掉拖延的毛病。

某年夏天，美国洛杉矶地区的气温高达40多摄氏度，太阳像个大火球一样炙烤着这个世界，人们都躲在开着空调的屋子里不敢出门。在海尔贸易有限公司美国分公司里，一位经理正在和他的员工激烈地讨论一件事。

由于运输公司的工作失误，他们多运了一箱海尔洗衣机的零部件到洛杉矶，负责相关工作的员工认为这只是一件小事，改天往洛杉矶运东西的时候，再把那箱零部件运回来就可以了。可是，那位经理却不这么认为，他觉得当天的工作出现了差错就应该当天改正过来，往后拖，就可能会给以后的工作造成很多麻烦。

最终，那位经理亲自冒着高温把那箱零部件运了回来。

办事拖拉，一天一个“小欠条”，逐日累加总有一天会变成一笔“巨债”。等到算总账时，你会惊奇地发现自己将会处于一种疲于应付的状态中。久而久之，连完成本职工作都变成了一种奢望，更别谈腾出时间学习业务知识、提高业务水平了。因此，我们必须树立和强化“不让一件事在自己的手中耽误，更不能让今天该办的事拖到明天”的观念，要努力实践、长期坚持，并形成习惯。

许多人做事之所以会拖沓，并不是因为困难大，而是这个工作实在是太大了，已经到了难以完成的地步。正是这种心理上的因素导致了失败，那我们不妨试着将它切割成若干个小工作，每次只专注于完成其中的一部分，这项工作就会变得简单许多。规划的时候要符合实际，注重细节，第一步实现不了就要找出原因，寻找解决的办法，第一步完成了第二步才有希望，直到完成最终目标。如果实现不了就不管它，那后面目标的实现难度就会越变越大。

详细规划好每一个步骤所需要的时间。如果某项工作仅有一个最后的截止时间，我们会误以为时间还很多，这时，我们应当给每个小步骤都制定一个最后期限，这样就可以使我们产生一种紧迫感，强迫自己去按时完成。最好让别人知道我们正处在时间限制的压力之下，好让他们无法再来打扰我们，让我们分心，从而保证我们在规定的时间内完成任务。

对于自己讨厌做的事情，我们总会认为要花费很长的时间，所以总是一直拖着不做，其实不然。例如，你讨厌打推销电话，你可能就会暗示自己打五个推销电话将会占用自己一整天的时间。其实不会，可能它只会花费你不到一个小时的时间。你不觉得为了那些只会花费你不到一个小时的时间就能完成的事情而一直拖着是非常愚蠢的吗？

拖延工作就等于浪费生命。在我们的一生中，还有什么能够像工作一样占据着我们既富有精力又潜力无穷，既充满朝气又不失成熟的时期，还有什么能够像工作一样既给予我们富有挑战的成就感，又为我们创造了无数次的成功机会？所以，对于工作，我们要做到雷厉风行，绝不能拖拖拉拉。

所有成功都源自行动

常言道："说一尺不如行一寸。"一切美好的愿望都需要我们去实现，没有果敢的行动，再美好的梦想也都是空想，只能化为泡影。我们生活在一个讲究效率的时代，在瞬息万变的现代社会中，存在着很多不确定因素，稍有迟疑，就可能使原来非常巧妙的构思，在片刻之间变得一文不值。

一位经销商准备从大流通领域转向终端销售。偶然的一次机会，他在糖酒交易会上发现了一种产品，与厂家进行了一番沟通后，他详细地了解了厂家的市场开拓思路和营销策略。回到公司，他对现有的资源进行了认真地思索，觉得这种产品的市场机会、销售渠道和营销策略会更适合自己需要转型的发展思路。

可是，要放弃轻车熟路的大流通市场去做终端，他心里还是有一丝不舍，况且终端销售比起大流通市场更为复杂，他也缺乏相关经验。这么一想，他就犹豫了，把刚才那个大胆的想法搁置了起来。直到有一天，他从繁杂的事务中走出来，去做市场考察，才发现类似的产品已经遍地开花了，且代理产品的那家公司，过去比自己的业务差很多，现在的规模早已不是自己能赶超的了。

只有心动，没有行动，这样的例子现实中比比皆是。成功学家格林在演讲时，不止一次开玩笑地说，全球最大的航空速递公司之一联邦快递，其实是他构想的。大家都以为他是在调侃，但格林真的没有说谎，他确实有过这样的设想。

20世纪60年代，格林的事业刚刚起步，在公司做中介工作，他每天都在发愁，怎么能将文件在规定时间内送达其他城市？当时，格林就在想，如果有人专门开办一个公司，能够提供将重要文件在24小时内送达任何目的地的服务，那该有多好！

这个想法在格林的脑海里停留了几年的时间，他也经常跟周围人说起这个构想，可惜的是，一切都只是想想，他没有采取任何行动。后来，一个名叫弗雷德·史密斯的人真正去做了这件事，他就是联邦快递的创始人。

富有创意的格林，就这样错过了开创事业的机会。凡是将应该做的事拖延而不立刻去做，想留待将来再做的人总是弱者。凡是有力量、有执行力的人，都会在对一件事情充满兴趣、充满热忱的时候，就立刻去做。

1932年的经济大萧条时期，一个年轻人刚刚拿到社会科学的学位。对于未来的人生，他没什么想法，也没有人给他指导。当时社会环境对他十分不利，他所知道的就是，工作不好找。年轻人一直等着，希望能有好运降临。与此同时，为了养家糊口，那个夏天，他就在当地的游泳池做救生员。

有一位爱好游泳的父亲，经常带孩子到泳池玩。他对年轻人很友好，也很关心他的未来。他鼓励年轻人仔细分析一下自己，看看自己到底想做点儿什么。年轻人听从了他的建议，在随后的几天里，不断地剖析自己。最后，他发现自己真正的兴趣在电台播音上。

年轻人把自己的想法告诉了那位父亲，对方鼓励他要采取行动，朝着梦想的方向开始行动。之后，年轻人走遍了伊利诺伊州和艾奥瓦州，努力让自己进入广播行业。终于，他在艾奥瓦州的达文波特市停下了漂泊的脚步，成了一家电台的体育播音员。

年轻人很开心，提起那段经历时，他说："终于找到了工作，对我来说，这太美妙了！可更有意义的是，我知道了应该去行动这个道理。"这个年轻人名叫罗纳德·里根。

只有行动才能产生结果，任何伟大的目标、伟大的计划，最终必须落到行动上才能实现。在现实生活中，你要想获得人生的智慧与财富，就要亲自去实践，去行动；在职场中，你想要事业有所建树，也要把想法付诸在日常的工作中。

千里之行，始于足下。请你扪心自问一下：有多少想法、多少梦想、多少打算，都被你束之高阁了？把行动的信条牢记于心，从早上睁开眼的那一刻起，就提醒自己要行动起来。假以时日，你会发现，整个人都会充满热情与活力。在你不断尝试、不断行动之后，你所拥有的是一种让人生变得高效的习惯。优秀，都是在行动中培养出来的。

惜时守时就是尽心工作

惜时守时是中华民族的传统美德，也是一个人的基本道德品质，更是员工在职场上最基本的职业素养。那么，何为惜时守时呢？就是要珍惜时间，严守约定，按时上班，按时赴约，按时参加会议等，不拖拉，不找借口。

然而，很多人在工作中却做不到惜时守时，他们经常挂在嘴上的是各种各样的借口："不好意思，路上堵车了，我迟到了。""今天睡过头了。""我记错时间了。"对工作不守时既是对他人的不尊重，也是对自己的工作不负责任。

华盛顿的时间观念非常强，他的许多部下都领教过他珍惜时间、严格守时的作风。他约定好时间的事情，必定会按时做到，一秒都不能差。有一次，他的一位秘书迟到了两分钟，看到华盛顿满脸怒容的样子，秘书赶紧解释说，自己的手表不准。华盛顿严厉地说："要么你换一只手表，要么我换一个秘书！"华盛顿对时间的重视，使得这位秘书从此再也不敢迟到了。

优秀的人之所以优秀，就归功于他们在工作上的守时，对时间的有效控制，让他们变成了时间的主人。这样的人，很容易得到别人的信赖，容易赢得更多的成功机会。现实生活中，很多成功的人都把严守时间当成座右铭。他们认为，要干成一件事，没有严格的时间观念不行，为自己的不惜时、不守时找借口的人是不负责任的，也是不可信赖的。

很多人上班迟到，“不好意思，路上堵车了”，成了那些不守时员工说得最多的话，因为在他们的意识里，迟到一两次没事儿。诚然，谁也不能保证预料之外的情况不会发生，但是我们不能为迟到寻找借口，不能为失职寻找理由。领导允许偶尔的特殊情况发生，但是，他们不能容忍员工为自己找借口，这是对工作的不负责，这是在推卸自己本该承担的责任。

卡内基曾说过：“如果你想结交好朋友，成为有影响力的人，就要做到准时。”的确如此，在工作上惜时守时的人总是容易取得领导、顾客以及同事的好感和信赖。

在职场上奔波的人，要做到惜时守时并不是非常困难的事情，其实只要加强一点责任心就够了。不要再为自己的不守时而寻找蹩脚的借口，想办法让自己变得守时才更为重要。对自己负责，对工作负责，做到惜时守时，做个有担当的人，这样才能立足于竞争激烈的社会，做一个出色且成功的职场人士。

直面困难，办法总比问题多

有的人在工作中总是不能按时完成任务，若问其原因，他会理直气壮地给出理由：“这太难了，一点办法都没有。”“我能力有限，实在没办法。”“唉，我太倒霉了，做点事情还遇到麻烦了。”总之，他们不是认为自己没有好的机遇，就是认为父母和家庭没能给自己提供一个好的平台，或者动辄责怪他人，总觉得别人对不起自己。在他们看来，领导安排自己去做一个“不可能完成的任务”，根本就是跟自己过不去，上司责备自己事情办得不够完美，一定是妒忌自己的才能……

这些人其实都是没有担当的人，他们是在推卸自己的责任，为自己找借口。机遇不是别人给的，是靠自己去争取的，你完全可以通过自己的努力走向成功。领导没给你好差事，上司认为你做得不够好，你有没有问过自己对工作是否尽职尽责了？

在职场上，没有人能随随便便成功，借口再多，也增加不了业绩，提升不了个人的价值。对工作中遇到的问题不想办法解决，而是一味寻找借口，不仅不能实现职场愿望，还会逐渐沦为无人喜欢的办公室“害群之马”，会破坏整个团队的良好气氛。

在国家队科技进步奖的评选中，联想汉卡被评为国家科技进步奖二等奖。按理说，这个奖项已经很不错了，可联想的柳传志却认为，从其所创造的经济效益和实现的产值来看，联想汉卡都达到了一等奖的要求，但因为它是一块卡，所以容易给人留下技术含量不高的印象。

他对公关部经理郭为说："我不要二等奖，我要一等奖。交给你一项任务，把二等奖变成一等奖。"

变更不是一件容易的事。在专家组50名专家中，要有10名专家联名要求复议，然后再开大会，其中2/3的专家同意这个复议，才能够变更为一等奖。而且当时，评选结果已经在《人民日报》上公布了。

若换作其他人，可能会很生气，抱怨领导贪心，抱怨领导把烫手的山芋扔给自己。再说了，媒体都公布结果了，还能改变吗？但是，郭为没有拒绝这个任务，也没有丝毫抱怨，他对自己说："就当是一次锻炼好了，看自己到底能做到什么程度。"

郭为不敢直接去找专家，他担心自己会被专家误会"走后门"而弄巧成拙。他首先想到的是借助媒体的力量，不妨在有广泛影响力的媒体上宣传一下联想汉卡，这样就能够引起那些专家的重视。

过了一段时间，郭为认为时机到了，他便开始一家一家地登门拜访那些专家，请求他们到公司去，由工作人员再一次给他们展示联想汉卡。

最后，10名专家联名要求复议，50名专家开会，联想汉卡拿下了国家科技进步奖一等奖，郭为自然也得到了柳传志的欣赏与重用。

困难就像弹簧，你强它就弱，你弱它就强。当工作上遇到困难时，很多人不是想办法解决，而是习惯找"工作太难，一点也没有办法"的借口推脱自己的责任。这是典型的"鸵鸟心态"，不敢面对困难，不敢正视责任，这种人永远不能成为优秀的员工。

每个人都该对自己的工作负责。的确，我们在工作中会遇到很多困难，但是面对困难，如果我们选择一味地逃避责任，不敢挑战自己，不敢迎难而上，就无法激发自己的潜力，取得更大的成就。如果我们缺乏面对困难的责任心，就无法高质量地完成领导交付的任务，还会打消工作的积极性和创造性，对工作敷衍了事。这种做法只能导致一个结果：工作做不好，得不到重用。

在工作中，员工应该抱着负责的态度，充分认识到工作中各种困难的积极作用，把克服困难当成锻炼自己能力、促进自己发展的契机，这是彻底消灭“工作太难”借口的一个很重要的方法。

张瑞敏说得好：“不是因为有些事情难以做到，我们才失去了斗志，而是因为我们失去了斗志，那些事情才难以做到。”

带着责任心去工作，不是一句口号，而是一种务实的态度。怀着这样的心态做事，才能够对工作中的困难不逃避、不退缩，在困难面前才不会再找“这太难了，一点办法也没有”这样消极的借口。勇于承担自己的责任，才能够开动脑筋，想出更好的创意，发现别人难以发现的问题，做到别人难以做到的事情，进而让领导发现你的才能，最终实现自己的目标。

如果你总是逃避责任，遇到困难就找借口，不敢承担，那么领导自然会认为你没有担当，这样一来，你的职业发展之路也就被自己堵死了。领导给员工安排工作，并不是天马行空，领导会按照员工的能力来确定任务，他不会给你一个远远超出你能力之外的任务。既然让你去做，领导就觉得你能做好，即使有困难，通过努力，你也应该能够完成。因此，找借口逃避责任是非常不明智的做法。试想，如果你是领导，一个连本职工作都要找借口逃避的人，你可能将重任交给他吗？

不要寻找任何借口，面对困难也要担当起自己的责任，不怕挑战，勤奋努力地工作。如此，再难的工作任务，我们都能完成。记住：没有过不去的坎，办法总比困难多，与其找借口逃避，不如想个办法再试一次，再坚持一下，也许成功之门就会为你开启。

第四章 全心全意，尽职尽责

对待工作要积极进取

进取心是一种极为难得的美德，它能驱使一个人主动地去做好应该做的事。一个有进取心的人，永远不会满足于现状，而只会坚持不懈地向着目标奋斗。

不难想象，人类如果没有进取心，社会就永远不会进步。正如鲁迅先生所说："不满是向上的车轮。"社会之所以能够不断地发展进步，一个重要的推动力量，就是我们拥有这只"向上的车轮"，即我们常说的进取心。

积极进取，始于一种内心的状态，当我们渴望有所成就的时候，才会积极主动地冲破限制我们的种种束缚。在这个世界上，没有一个成功人士是不求上进的。正因为他们从不满足于当下的工作，所以他们总是不断努力。为了拥有一个更大的舞台，为了成就一番骄人的事业，他们愿意倾尽所有，不断奋发向上。

拿破仑·希尔曾经聘用了一位年轻的女士当助手，替他拆阅、分类及回复私人信件。当时，她听拿破仑·希尔口述，记录信的内容。她的薪水和其他从事相类似工作的人基本相同。

有一天，拿破仑·希尔口述了下面这句格言，并要求她用打字机把它打下来：“记住，你唯一的限制就是你自己脑海中所设立的那个限制。

当她把打好的纸张交还给拿破仑·希尔时，她说：“你的格言使我有了一个想法，对你、对我都很有价值。”

其实，这件事并未在拿破仑·希尔脑中留下特别深刻的印象，但从那天起，拿破仑·希尔可以看得出来，这件事在她脑中留下了极为深刻的印象。

她开始在用完晚餐后回到办公室来，开始做一些并不是她分内且没有报酬的工作。她把写好的回信送到拿破仑·希尔的办公桌上。她已经研究过拿破仑·希尔的风格，因此，这些信回复得跟拿破仑·希尔自己所写的一样好，有时甚至更好。她一直保持着这个习惯，直到拿破仑·希尔的私人秘书辞职为止。

当拿破仑·希尔开始找人来补私人秘书离职的空缺时，他很自然地就想到了这位女士。因为在拿破仑·希尔还未正式给她这项职位之前，她其实就已经主动地做了这个职位的工作。这位年轻女士的办事效率太高了，因此，她引起了其他人的注意，别的地方开始提供很好的职位给她。拿破仑·希尔已经多次提高她的薪水，她的薪水现在已是她当初来拿破仑·希尔这儿当一名普通速记员薪水的四倍。她使自己变得对拿破仑·希尔极有价值，因此，拿破仑·希尔不能失去她这个帮手。

这位年轻女士对待工作的积极进取，不仅让她成功拿下秘书的职位，薪水翻了好几倍，还让她成了一位抢手的员工，连老板拿破仑·希尔都担心她会另谋高就。

这个故事告诉我们一个道理：一个人越是不满足当下的工作，在工作上越是积极进取，他就越容易登上成功的巅峰。

身为员工，我们对待工作一定要积极进取，不能总是被动地等待别人来告诉自己应该做什么，而是应该积极主动地了解自己应该做什么、还能做什么、怎样才能做得更好，然后全力以赴地去完成。

强烈的责任感能激发一个人的潜能。无论你从事什么样的职业，只要你能认真地、勇敢地担负起责任，你所做的就是有价值的，你就会获得别人的尊重和敬意。只要你想、你愿意，你就会做得更好。

责任心是做一切事情的基础

责任心是一个人品格和能力的承载，是一个人走向成功必不可少的素质。

在日常生活、工作中，有这样一类人，他们头脑聪明属于“聪明人”，但却工作平平，甚至常出纰漏，究其原因，大家的共同看法是，此类人缺乏责任心。相反，另一类人并无过人之处，但做事却有着明确的目标，认真做事，诚实做人，与其共事的人也很信赖他。他们就是对人、对事、对工作有强烈责任感的人。

责任心就是对自己要去做的事情有一种爱。责任心是一切良好美德的表现和基础。有责任心的人值得依赖，没有责任心的人连一份普通的工作也很难得到，即使他有非凡的能力。责任心是做好一切事情的根基，责任心是成就自我的重要因素。

责任心是做一切工作的基础，当你开始对自己的工作负责的时候，生活也会发生翻天覆地的变化。那些勤奋、负责的员工往往会在工作中受益匪浅：在精神上，他们获得了愉悦和享受；在物质上，他们也获得了丰厚的报酬。相反，一个对工作敷衍塞责的人，往往是一个对工作毫无兴趣的人。将工作推给他人时，实际上也将自己获得快乐和信心的大好机会拱手送给了他人。

每一名员工都应该尝试热爱自己的工作，即使这份工作不太尽如人意，也要竭尽所能去转变它，去热爱它，并凭借这种热爱去担负起责任、激发潜力、塑造自我。事实上，一名员工对自己的工作越热爱，工作越负责，工作效率就越高。这时你会发现工作不再是一件苦差事，而是变成了一种乐趣。

要想掌控你的工作，就要有强烈的责任心。责任心是成就事业的根基，也是评价一个员工是否优秀的重要标准。一个没有责任心的人，失去了社会对他的认可，失去了周围人对他的尊重和信任，失去了锻炼自己的机会，失去了成为一名优秀员工的条件。而一个有责任心的人，能够得到领导的欣赏，能够得到别人的信任。

职场是最看重效果的地方，即使你再有能力，如果不够认真负责，也不可能创造出真正的价值，终将会被社会淘汰。

TNT 快递是世界上知名的大型快递公司之一，而成就这个神话的公司一直教育员工要有这样的理念：每一个顾客的包裹都很珍贵，不允许有一丁点儿有辱使命的失误。

TNT 亚洲区董事总经理迈克·德瑞克对这一理念做了最好的贯彻。

迈克起初只是 TNT 的一名普通业务员。在工作中，迈克总是积极主动做事，对工作负责，所以他的业绩很好。过了一段时间，迈克已经从销售员升职到大区销售经理。在迈克·德瑞克看来，世界领先的客户服务是实现公司快速增长的关键，这些带来成功的要素包括：可靠、有价值、持之以恒，还有负责到底。迈克·德瑞克多次强调：“我们有信心向客户提供最好的服务。”

至今，迈克仍坚持每个星期都会跑到不同的城市去和一线员工交流，听取他们的意见，主动解决问题。他知道自己作为公司在亚洲区域的负责人，有责任为公司创造出更多的价值和利润，因此，他在任何事情上都做到了 100% 的努力。

责任感可以是主动的，也可以是被动的。如果把责任感当作是被动的，时间长了我们就会觉得这是别人强加给自己的负担。然而，如果把责任感当作是主动的，我们就会主动积极地投入到工作中，勇敢地挑战自己。对于一个真正负责的人，他从内心想把一件事做好，即使在没有任何要求或命令的情况下，他也会积极主动去做。正如林肯所说：“人所能负的责任，我必能负；人所不能负的责任，我亦能负。”只有这样，你才能磨炼自己，进入更高的境界。

我们一定要谨记，责任感是我们做任何事情的基础。在工作当中，如果我们缺乏责任感的话，那么最后只能成为一个一事无成、浑浑噩噩的人。

因此，我们需要培养自己的责任感，并让它成为我们工作当中的最佳伙伴。

拥有责任心是事业成功的基本条件。而“责任”就是知道你的职责所在，并努力完成它。因此，责任心能够帮助我们建立起一个个目标，有了目标我们就能清晰地知道自己在做什么，做到什么程度；有了责任心，我们才能够不懈努力并坚持下去，并最终在团队中实现自己的价值。

全身心地投入工作

世上没有不劳而获的事，想让生活和工作赋予你什么，先要无条件地付出和投入。有些员工总在抱怨工作太辛苦，薪水太低，在公司做了好几年仍然没有得到提升，满心都是委屈，感叹着不公平。

诚然，人人都渴望回报，但没有哪一份收获是从天而降的。在抱怨工作之前，是否更应当扪心自问一下：我是如何对待工作的？我为工作投入了多少精力？是不是真的竭尽全力了？坦诚地面对自己，面对现实，很容易就能找到答案。

A和B都是以应届毕业生的身份入职的，能力不相上下，都同样做销售工作。三年后，A成了销售组长，B却早已被淘汰离职。两个人的起点是一样的，公司的环境也无分别，他们为什么会有如此迥异的结局呢？

得到晋升的A，从开始上班就透着一股精气神，全心扑在工作上，不管领导分派的客户多难“伺候”，他都尽最大努力去维护，就连周末的时间也心甘情愿搭进去。业务最紧的那段时间，他经常加班到晚上八九点钟，没有任何怨言。为了提升能力，他还特意报了一个职业培训班，整个人始终处在向上攀登的状态中。

B就截然不同了，每天都是掐着点来，踩着点走，还没到下班的时候，心就飞了，迫不及待地想要离开办公室。他的生活很丰富，几乎每天下班后都有饭局。工作虽然没有犯过什么大错，但业绩平平，偶尔碰上加班的情况，怨声载道，好像公司剥夺了他的自由。私底下他最爱说的话就是："那么拼命干吗？我又没打算在这里待一辈子……"

没有危机感的B，很少主动联络、拜访客户，都是维护领导给的那些客户，总是希望从熟悉的圈子里多拉点业务。毕竟，拓展新业务是最辛苦的，还经常碰壁。后来，为了激励员工，也为了筛除能力不足的人，公司开始实行绩效考核。这样一来，抱着混日子想法的人，就不可能混下去了，业绩明摆着，做多做少有目共睹。就这样，B在改制的第二个月就离职了。

此时，一头钻进工作中的A，业绩做得很好，职业能力也得到了提升，偶尔还能对公司的新进员工进行培训。渐渐地，公司领导发现了他有管理才能，就提升他为销售组长。

工作的意义，我们在前面已经讲过，它不仅仅是谋生的载体，也是实现个人价值的平台。既然它赋予了我们需要的一切，我们有什么理由不全身心地投入其中呢？偷奸耍滑、敷衍糊弄，看起来好像赢得了轻松，其实是在浪费自己的生命；不钻进工作中，就不会有能力的提升，也不会有思想的升华，更不会做出惊人的成绩。全身心地投入，不只是为了对得起老板给的工资，更重要的是对得起自己的人生。

我们在前面也提到过，不少人都是只用手工作，人虽然在公司，心却游离在工作之外，没有真正把心思集中在工作上。看似是在忙碌，其实投入到工作中的精力并不多，业绩也不会好到哪儿去。

工作有四个层次：第一个层次就是应付，完成别人交代给我的事，做完了就完了；第二个层次是探索，想把工作做得好一些，但标准不太高；第三个层次是用心，努力把工作做得更好；第四个层次是全身心投入，不是为了完成交代的任务，而是为了追求心中的一种境界，全力以赴地把任何工作最大限度地做好。

现在，请扪心自问：你处在工作的哪一个层次，是应付还是全身心投入？有人可能会说，我也想全身心投入，但提不起精神，总觉得无聊，无所适从。这样的情况不是个案，为什么会有人乐此不疲地投入到工作中？有什么力量在支撑着他们？

答案只有一个：对理想的执着，对价值的追求。有了高远的目标，不是只看眼前，才可以忍受别人不能忍受的艰难，排除干扰，钻到所做的事情中。有追求的人，时刻秉持着“做一行就要做到最好”的心态，投入全部的精力。

不要把事业的失败归咎于工作平凡，这是没有道理的。人生的价值是靠自己的努力换取的，你付出得少，抱怨得多，自然不能奢望天降机遇。

同样的环境，同样的条件，一定是谁耕耘得多，谁就收获得多，这是工作的准则，也是人生的准则。记住一句话：生活不相信抱怨和眼泪，只相信投入和付出！

对工作负责，就是对自己负责

责任，是工作的使命，是敢于担当的勇气，是责无旁贷的义务。责任既是一种严格自律，也是一种社会他律，是一切追求成功和进步的人们基于自己的良知、信念、觉悟，自觉自愿履行的一种行为和担当。

一个人生活和事业的发展都离不开责任的推动。在工作当中，有些人过度地强调能力的重要性，认为人必须要有能力完成自己的工作才能取得成功，把责任放在一个次要的位置上面。殊不知，对责任的忽视往往会影响一个人事业的长远发展。事实上，只有能力与责任共有的人，才是企业真正需要的人才。责任对个人及企业的重要影响难以估计，要真正把认真负责的精神贯彻于整个工作和行动之中，让负责任成为人们的工作习惯，从而把握成功的先机。

1920 年的一天，美国一个 10 岁的小男孩正与他的伙伴们玩足球，一不小心，小男孩将足球踢到了邻近一户人家的窗户上，一块玻璃被击碎了。一位老人立即从屋里走出来，勃然大怒，大声责问是谁干的。伙伴们纷纷逃跑了，小男孩却走到老人跟前，低着头向老人认错，并请求老人宽恕。然而，老人却十分固执，小男孩委屈地哭了。最后，老人同意小男孩回家拿钱赔偿。

回到家，闯了祸的小男孩怯生生地将事情经过告诉了父亲。父亲并没有因为其年龄还小而开恩，而是板着脸沉思着，一言不发。坐在一旁的母亲为儿子说情，开导着父亲。过了不知多久，父亲才冷冰冰地说道："家里虽然有钱，但是他闯的祸，就应该由他自己对过失行为负责。"停了一下，父亲还是掏出了钱，严肃地对小男孩说："这1美元我暂时借给你赔人家，不过，你必须要想办法还给我。"小男孩从父亲手中接过钱，飞快跑过去赔给了老人。

从此，小男孩一边刻苦读书，一边用空闲时间打工挣钱还父亲。由于他年龄小，不能干重活，他就到餐馆帮人洗盘子刷碗，有时还捡捡破烂儿。

经过几个月的努力，他终于挣到了1美元，并自豪地交给了他的父亲。父亲欣然拍着他的肩膀说："一个能为自己的过失行为负责的人，将来一定会有出息的。"

许多年以后，这位男孩成为美国的总统，他就是里根。后来，里根在回忆往事时，深有感触地说："那一次闯祸之后，我懂得了做人的责任。"

在任何一家企业，只要你勤奋工作，认真、负责地坚守自己的工作岗位，你就肯定会受到尊重，从而获得更多的自尊心和自信心。不论一开始情况有多么糟糕，只要你能恪尽职守，毫不吝惜地投入自己的精力和热情，渐渐地你会为自己的工作感到骄傲和自豪，也必然会赢得他人的好感和认可。以主人翁和责任者的心态去对待工作，工作自然就能够做得精益求精。

如果想要在事业上有更多收获，取得更大的成功，那就去做一个负责任的人。伟大并非只来源于惊天动地的辉煌，它可能只是最初的一个小小的愿望，这个愿望是想要为社会做一点点事，想要承担一点小小的责任。

就是这样“小”的一个出发点，最后却能让人越走越远，收获越来越多。这是因为一个责任感越强的人，收获的也就越多，拥有的机会也就越多，也就越容易成功。

杨绛先生百岁诞辰之际，中央电视台《读书时间》专门做了一期专题节目。现场嘉宾一共两位，三联书店的总编辑李昕是其中一位。节目中，李昕谈到了杨绛夫妇的精神境界和高风亮节，他们30多年不换房，不装修，不买家具，但是他们捐出两人全部的版税超过1000万元，在清华大学设立了一个“好读书基金会”，扶助贫困学生。

节目播出后，帮杨绛先生料理版权的友人吴学昭，特意给李昕打来电话：“你们这期节目做得不错，杨先生看了很高兴。但她发现你有个地方讲错了。”李昕听了心里一惊，忙问：“什么地方？”吴学昭回答说：“杨绛夫妇在清华大学设立的是‘好读书奖学金’，但是被你说成‘好读书基金会’了。她说，设立奖学金比较简单，但建立基金会就不同了，那是按国家有关规定成立的非营利性法人，需有规范的章程，有组织机构和开展活动的专职工作人员，还要申报民政部门批准，才可向公众募捐。这两个概念不能混淆。所以，杨先生让我告诉你，今后若是再提到此事，一定要把说法改过来，不要一错再错，造成别人以讹传讹。”李昕听了，深感惭愧，请吴学昭代自己向杨先生道歉。

虽然只是个小错误，但杨绛先生的严谨和认真，令人受教。杨绛先生之所以令人敬仰和钦佩，正是得益于她这种一丝不苟的治学态度，这既是对自己负责，也是对他人负责。

每个人在工作中都希望能够持续进步，不停地增加薪水，可事实上并不是所有人都能如愿以偿。有些人在工作中能够如鱼得水，独当一面；而有些人却在工作中平平淡淡，碌碌无为。到底怎样才能在工作中收获更多？相信每个身在职场的人和将要步入职场的人都想知道答案。

通过对职场现状的研究，我们不难发现，那些有责任感，有使命感，愿意付出，积极承担责任，有问题不推脱，有困难不逃避的人总能在工作中收获成功。简而言之，对工作负责才能取得好的业绩。遗憾的是，并不是每个人都能深刻理解这个道理，因为责任贯穿在工作的方方面面。做到对工作负责远比用嘴巴说说自己愿意负责难得多。行胜于言，在工作中，尽力去做一个负责的员工，对自己的工作负责，让老板赏识，让机会降临，你会在工作中收获更多，成功也会变得越来越容易。

不要将自己该做的事推向他人，不要将今天该做的事推向明天，越逃避越失败，越失败的人越习惯逃避。因为很多时候，并不是我们选择成功，而是我们做了该做的事，承担了属于我们的责任，成功才会水到渠成。责任越大，机会越多。谁承担了最大的责任，谁就拥有最多的机会。

工作没有我们想得那么可怕，成功也没有我们想得那么难。只要愿意去付出并敢于承担责任，愿意为自己的工作努力，我们就能做出业绩，取得成功。

把本职工作做到位

通过观察那些在职场中获得成功的人，我们不难发现，这些人不论做什么事情，都是“身在其位，心谋其事”，认认真真把本职工作做到位，所以他们往往能在平凡的岗位上做出不平凡的业绩。也正因为如此，他们总能在职场中获得成就梦想的机会。

只有忠实地对待自己的工作，忠诚地对待企业，充分地使自己发挥出应有的作用，才能巩固你现有的位置。在老板的眼中，永远不会有空缺的位置。如果你想与自己的位置保持一种长期性的关系，那么你就应“在其位，谋其事”，坚持把工作做到位。

每个职位，对企业的生存发展都起着至关重要的作用。如果有哪位员工在其位而不能谋其事，那么其所在位置的运作就会出现问题。而当一个位置的价值得不到充分体现时，就会直接削弱整个企业的生命力。

在现实中，我们发现，有些员工“身在其位，心谋他政”，眼睛盯着更好的职位，慨叹自己空有一身才华却无处发挥，在抱怨中度日。这样的员工是不称职的，而且还会错过很多宝贵的发展机会。

在其位就要谋其事，这是一个人负责任的最好表现，说明你对自己所从事的工作有信心和热情。只要你认准了目标，有一份自己认同的工作，那么就要认真努力地去做。在努力工作的过程中，你会熟悉技艺，并锻炼出稳健、耐心的性格。同时，你踏实工作的作风，也会赢得同事的认同、老板的欣赏，这些反过来又会促进你工作的提升。

成功的最好方法，就是做任何事都全心全意、尽职尽责。做任何事都全心全意、尽职尽责，不但能够使你迅速进步，并且还将大大地影响你的性格、品行和自尊心。任何人如果要别人瞧得起自己，就非得秉持这种精神去做事不可。

全心全意、尽职尽责是追求成功的卓越表现，也是生命中的成功品牌。如果一个职业人士在工作中技术精湛、本领过硬、态度严谨，那么他必定能出类拔萃、脱颖而出。

美国独立企业联盟主席杰克·法里斯，13岁时在父母的加油站工作。法里斯想学修车，但父亲安排他在前台接待顾客。当有汽车开进来时，法里斯必须在车子停稳前就站到车门前，然后忙着去检查油量、蓄电池、传动带、胶皮管和水箱。法里斯注意到，如果自己干得好，大多数顾客还会再次光临。于是，法里斯总是会多干一些活，如帮助顾客擦去车身、挡风玻璃和车灯上的污渍。

有一段时间，一位老太太每周都开着车来清洗和打蜡，但车内地板凹陷极深，很难打扫。而且，这位老太太每次在法里斯为她把车清洗好后，都要再细致地检查一遍，经常会让法里斯重新打扫，直到车内没有一缕棉绒和灰尘，她才满意地离开。终于有一次，法里斯无法忍受了，他觉得这位老太太很难打交道，不愿意再为她服务。这时，他的父亲告诫他说："孩子，你要时刻牢记，这是你的工作！不管顾客说什么或做什么，你都要认真负责而且以应有的礼貌去对待顾客。"

父亲的话让法里斯受益匪浅，且对他的一生都影响深远。法里斯曾说："正是加油站的工作使我了解了良好的职业道德和应该如何对待顾客。这些东西在我之后的职业经历中起到了非常重要的作用。"

全心全意，尽职尽责。既然选择了这份工作职业，就应该接受它，努力地做好——这才是成为职场最可贵员工的必要条件之一。令人遗憾的是，有些员工总是被动地适应工作，工作上的事向来得过且过。他们固执地认为自己在其他领域或许更有优势，更有光明的前途，从而导致他们无法把全部的热情与精力投入到工作中。还有一部分员工盲目追求高薪酬和舒适的工作环境，蓦然回首，才发现自己在碌碌无为中虚度了年华。

而那些选择全心全意、尽职尽责工作的人，或者拥有了一技之长，或者拥有了丰富的管理经验，分别成为各个领域里的"专家"。试想，有哪个企业不喜欢这些在其位谋其事、勇于负责任的员工呢？

所以，无论从事什么工作，只要已经着手了，就千万不要心猿意马，过度沉迷于那些不切实际的诱惑中。否则，今天消极怠工的代价，就是明天踏上寻找工作的征程，这代价未免太大了。

全心全意、尽职尽责地工作，把该做的工作做到位，并且精益求精。把以前有过的欠缺和空白补上，而且要比你的同行和前辈做得更多，要比自己和他们的预期做得更好，要使老板对你的表现赞叹不已。这样，你自然就会得到更多的回报。

努力篇

完成工作是最基本的，努力就是要高效主动，精益求精，更好地完成工作。

〇细节　〇执行　〇主动　〇效率

第五章
小事成就大事，细节铸就完美

着眼高远，着手细节

工作如同一座雕像，最终呈现给世人的是美丽还是丑陋，都是由我们一手造成的。我们在工作中所做的每件事，就是一凿一凿雕刻的过程，每一凿看似都是平常的、不起眼的，可若都随随便便地糊弄，那么最后雕刻出来的就不可能是精品。

王涛在一家外贸公司做业务经理。有一回，他负责一批出口枕头的贸易项目，流程进展得很顺利，可没想到这批枕头却被加拿大海关扣留了。采购方认为枕头的品质有问题，提出退货的要求。

若真退货的话，公司的损失是巨大的，这让王涛很着急。但他怎么也想不出来，到底是哪儿出了问题。在和加拿大进口方合作的过程中，枕头的面料、颜色都是通过打样和对方反复确认的，到底是什么原因让海关扣留了货物，甚至要求退货呢？

最后，经过了彻底的调查，王涛才知道，原来问题出在了枕头的填充物上。负责这项工作的员工，压根没把填充物的作用当回事，就只顾着关注外包装了。由于没有跟制造厂商具体商量填充物的标准，制造商就在其中混入了一些积压的原料，导致填充物中出现了小飞虫。

这一细节的疏忽，给公司造成了不小的经济损失，名誉上也受到了影响，让客户觉得公司做事不可信、不够诚实，将来再想与该公司合作，难度很大。王涛回头想想，若是当初考虑到这个细节，亲自打开枕头看看，也许就能避免这样的结局。整件事情，从下属到管理者都是有责任的，至少在观念上没有把细节当回事。

洛克菲勒曾说：“当听到大家夸一个年轻人前途无量时，我总要问几个问题，比如他努力工作了吗？认真对待工作中的小事了吗？他从工作细节中学到东西了没有？”这样问的原因，是因为他深谙一个道理：一个人学历再高，若是工作不认真，不把判断力、逻辑推理能力和专业知识跟具体的细节联系起来，终将一事无成。

有一家公司对外招聘业务员，开出的薪资待遇非常诱人。在诸多的应聘者中，有一个年轻人条件相对优秀，他毕业于名校，有三年的业务经验。大概是有底气，所以在面试过程中，他表现得非常从容，也很自信。

考官问他：“你在原来的公司做什么工作？”

“做花椒贸易。”

“以前花椒的销路很好，但近几年国外的客商却不愿意要了，你知道为什么吗？”

“因为花椒的质量不行了。”

“你知道为什么质量不行了吗？”

年轻人想了想，说：“肯定是农民在采集花椒的时候，不够仔细。”

主考官看了看他，笑着答道：“你说错了。我去过花椒产地，采集花椒的最佳时间只有一个月。太早了，花椒还没有成熟；太晚了，花椒在树上就已经爆裂了。花椒采好后，要在太阳底下暴晒一整天，如果晒不好，就不能成为上等品。近几年，很多农民为了省事，就把采集好的花椒放在热炕上烘干。这样烘出来的花椒，从颜色上看跟晒过的花椒差不多，可是味道却完全不一样。做一个好的业务员，一定得重视工作中的各个细节。”

很多人热衷于知名品牌，虽然这些品牌产品的价格比其他普通品牌的产品价格高出数倍，但依然有人趋之若鹜，为什么？我们看看那些知名品牌产品的细节之处便知原因：POLO皮包始终坚持“一英寸（2.54厘米）之间一定缝满八针”的细致规格，这份近乎执拗的认真精神令人动容，也使得它在皮包行业一直是佼佼者。瑞士的顶级钟表都是工匠一个零件一个零件打磨而成的。钟表工匠对每一个零件、每一道工序、每一只钟表都精心打磨、细心雕琢。工匠们的眼里，唯有对质量的精益求精，对完美的孜孜追求，对细节的一丝不苟……它们的成功，都是在那些毫不起眼的细节处抓住了消费者的心，并赢得了好口碑。倘若是偷工减料、敷衍糊弄，那么做出来的东西就可能会存在质量问题，白白毁掉一个好品牌。

许多非知名品牌，外表看还不错，但内在的质量却不敢恭维。尤其是在看不到的地方，以次充好，或是糊弄一下，结果就应了那句话：金玉其外，败絮其中。做人和做品牌是一样的，要追求精雕细刻的品质，对于微小的细节，也不能轻易放过，要把严谨、认真的态度贯彻在所做的每一个环节、每一件事情上。

雕塑家加诺瓦在即将完成一项杰作时，有个朋友在旁边观摩。加诺瓦的一刻一凿，看起来是那么漫不经心，朋友以为他是故意在做样子给自己看。

加诺瓦看出了朋友的心思，告诉他："在外人看来，这看似不起眼的几刀，好像没什么，但正是这一刻一凿才把拙劣的模仿者和真正的大师技艺区分开来。"

世上多少令人惊叹的发现，都是在一些小小的细节中获得的，多少天才也正是留意到了、把握住了这些细节，才使得他们不同寻常。若说成功有什么奥秘的话，那就在于以乐观积极的态度过好每一天，处理好每一件事情中的每一处细节。只有认真、用心、努力的人，才能赢得机遇。珍视细节，就是在珍视一个个美好的机遇、一个个成功的阶梯。

细节决定成败

在日常工作中，很多人往往不拘小节，面对领导的批评，他们常常搬出“成大事者不拘小节”“大礼不辞小让”等说辞为自己开脱。殊不知，见微知著，责任恰恰是体现在细节方面的。而那些能够注重细节的人，才是真正做到负责的人。

老子的《道德经》有言：“天下难事，必作于易；天下大事，必作于细。”细节是人们在工作中最容易忽略的部分，但细节往往对结果有着至关重要的影响。在责任落实的过程中，细节是决定成败的关键，甚至可以毫不夸张地说，成也细节，败也细节。

或许我们的工作性质不同，忽视细节带来的危害程度也有所不同，但是有一点是共同的，那就是忽视细节最终必然导致事业的失败。

密斯·凡·德罗是20世纪最伟大的建筑师之一，在被要求用一句最简练的话来描述自己成功的原因时，他只说了五个字——“细节是魔鬼”。一个成熟的职场人士必须善于把握细节，对细节负责。“千里之堤，溃于蚁穴”，要知道，很多时候正是那些毫不起眼的细节决定了事情最终的结果，忽视细节会使你错失成功的机会，甚至付出惨痛的代价。

飞机降落在东京国际机场，一家知名汽车生产公司的总工程师约翰先生踌躇满志地走下舷梯，他此行肩负重任。随着汽车业的日臻成熟，约翰所在的公司与日本一家生产高档轿车公司的合作更进一步深入。他此行的目的就是与日方谈判，为它们提供轿车及附件。如果谈得顺利，公司将获得巨大的经济效益。

约翰只有40多岁，却已是汽车方面的知名专家，日方显得非常慎重，派出年轻有为、处世谨慎的副总裁兼技术部课长冈田先生前来迎接。豪华气派的迎宾车就停在机场的大厅外。约翰办完通关手续，走出大厅，来到举着欢迎他的小牌子的人面前，与冈田一行见面。宾主寒暄几句后，冈田亲自为约翰打开车门，请他入座。

约翰刚一落座，便随手“砰”地关上车门，声音特别响，冈田甚至感觉整个车身都微微颤了一下。冈田不禁愣了一下：“是旅途的劳累使约翰先生情绪不佳，还是繁复的通关手续让他心烦？他可是株式会社的贵客，得更加小心周到地接待才行。”

一路上，冈田一行显得十分热情友好，甚至到了殷勤的程度。迎宾车停在株式会社大厦前的停车坪里，冈田快速下车，小跑着绕过车后，要为约翰开车门。但约翰却已打开车门下车，他随手“砰”地关上车门。这一次，关门声比上一次还要响，冈田又愣了一下。

日方安排的活动流程十分紧凑，株式会社董事长兼总裁渡边先生与约翰的会谈安排在第三天。在接下来的两天里，冈田极尽地主之谊，全程陪同约翰游览东京的名胜古迹，参观公司的生产基地。约翰显得兴致极高，但回到下榻酒店时，他关上车门时又是重重的“砰”的一下。

冈田不禁皱了一下眉。沉吟了片刻，他终于一边向约翰鞠躬，一边小心地问道：“约翰先生，敝社的安排没什么不妥吧？敝人的接待没什么不周吧？如果有，还望先生海涵。”约翰显然没什么不满意的，他说：“冈田先生把什么都考虑得非常周到细致，谢谢。”说这话时，约翰是满脸的真诚。

第三天到了，接约翰的车停在株式会社大楼前，约翰下车后，又是重重地“砰”的一声关上车门。冈田咬了咬牙，暗中向手下的人吩咐几句后，丢下约翰，径直向董事长办公室走去。约翰正感到有些莫名其妙，冈田的手下客气地将他请到了休息室，说：“冈田课长说有紧急事务要与董事长谈，请约翰先生稍等片刻。”

在董事长办公室里，冈田语气严肃地对渡边说：“董事长先生，我建议取消与这家公司的合作谈判！至少应该推迟。”

渡边不解地问：“为什么？约定的谈判时间就要到了，这样随意取消，会显得我们没有诚信吧？再说，我们也没有推迟或取消谈判的理由啊。”冈田坚决地说：“我对这家公司缺乏信心，看来我们株式会社前不久对该公司的考察只是走了过场。”渡边是非常赏识这个精干务实的年轻人的，听他这么说，便问：“何以见得？”冈田说：“这几天我一直陪着这个约翰总工程师。我发现他多次重重地关上车门，刚开始我还以为是他在发什么脾气呢，后来渐渐发现，这是他的习惯，这说明他关车门一直如此。约翰先生是这家知名汽车公司的高层人员，平时坐的一定是他们公司生产的好车。他之所以养成重重关上车门的习惯，是因为他们生产的轿车车门用上一段时间后就不容易关牢，易出现质量问题。好车尚且如此，一般的车辆就可想而知了……我们把轿车和附件给他们生产，成本或许会降低不少，但这不等于在砸我们自己的牌子吗？请董事长三思……”

约翰先生没有注意关门这样一个细节，丢掉了一桩大生意。而冈田注意到细节，为公司避免了可能遭受的重大损失。一个关车门的动作，可谓微不足道，没有多少人会注意它，但恰恰是这种别人眼里的微不足道的小事，被冈田发现了，并通过进一步的细致分析，揭示了这一习惯性动作背后可能隐藏的深层问题。

在职场上，不管员工有多么宏伟的计划或者多么高远的理想，如果对细节的把握不到位，就不能成长为一名精英。在工作中，任何一个人都有自己的职责范围，有些人负责一些比较重要且引人注目的工作，也有些人负责一些不被重视的小事，但是无论大事小事，都有必须注意的细节，成大事也要拘小节。

海尔的管理层经常说的一句话就是："要让时针走得准，必须控制好秒针的运行。"是否关注细节说明了一个人对待工作的态度是否端正。在实际工作中，忽略细节的重要性而敷衍了事，这是对自己的要求不够高，对细节的要求不够精细，这种做法是对工作的敷衍。

士兵在战场上忽略细节可能会丢掉性命，飞行员在天空中忽略细节可能会导致飞机失事，建筑师忽略细节可能会使摩天大楼坍塌……在职场上行走，任何忽略细节、不负责任的行为都可能为自己酿造一杯不得不含泪咽下的苦酒，把自己美好的职业前途葬送掉。要想让自己在职场上顺利成长，逐步把自己的职业理想变成现实，就要注重小事，用强烈的责任心去关注工作中的每一个细节。

责任也会产生蝴蝶效应

很多时候，人们往往只是把注意力放在一些大事上，却忽略了一些小事，等到工作结果出现了巨大的偏差以后，才懊悔地想起："哎呀，我要是把那件事做好，结果就不会这个样子了。"可惜，世上没有卖后悔药的。

任何事物都不是孤立的，我们的工作也是如此。一件事情搞砸了，原因绝不仅仅是孤零零的。大事没做成，通常是之前的小事没有做好。

一只小小的蝴蝶在南美洲亚马孙河流域的热带雨林中轻轻扇动一下翅膀，就可能引起美国得克萨斯州的一场龙卷风，这就是人们常说的蝴蝶效应。它告诉我们：事物的各个环节之间存在着一定的联系，责任之间不是孤立的，小事的结果决定着大事的成败。

1485年，英国国王查理三世准备在波斯沃斯和兰凯斯特家族的里奇蒙德伯爵亨利展开一场激战，以此来决定由谁统治英国。

战斗打响之前，查理派马夫去给自己的战马钉好马掌。马夫发现马掌没有了，于是就对铁匠说："快点给它钉掌，国王希望骑着它打头阵。"

"我需要去找一些铁片，"铁匠回答，"前几天，因给所有的战马钉掌，铁片已经用完了。"

"我等不及了，赶快！"马夫不耐烦地叫道。

于是，铁匠把一根铁条弄断，作为四个马掌的材料，把它们砸平、整形之后，用钉子固定在马蹄上。然而，钉到第四个马掌的时候，他发现少了一颗钉子。

铁匠停了下来，他要求马夫给他一些时间去找颗钉子。

“我等不及了，军号马上就要吹响了。”马夫急切地说，再一次拒绝了铁匠的要求。

“没有足够的钉子，我虽然也能把马掌钉上，但是，这个马掌就不能像其他几个那么牢固了。”铁匠告诉马夫。

“好吧，就这样！”马夫叫道，“快点，不然国王会怪罪我的。”

于是，铁匠便凑合着把马掌钉上了，第四个马掌少了一颗钉子。

战斗开始以后，查理国王骑着这匹战马冲锋陷阵，带领士兵迎战敌军。突然，一只马掌脱落下来，战马跌倒在地，查理也被掀翻在地上，受惊的马爬起来逃走了。国王的士兵跟着溃败，亨利的军队包围了上来，把查理活捉了。

查理不甘地大喊道：“马！一匹马！我的国家倾覆就因为这一匹马啊！”

其实，他不知道的是，真正的原因是第四个马掌上缺失的那颗小小的钉子。

从那时起，人们就传唱这样一首歌谣：“少了一颗铁钉，丢了一只马掌。少了一只马掌，丢了一匹战马。丢了一匹战马，败了一场战役。败了一场战役，失了一个国家。”

一个帝国的存亡竟被一颗小小的钉子左右了，这深刻地演绎了蝴蝶效应的威力。查理三世失去国家，这是个巨大的事件，但责任的源头竟是马夫不肯给铁匠多一点儿时间去找一颗钉子。后人无不为查理三世国王扼腕叹息，当初那个失职的马夫也会为此懊悔至极吧。可惜，事实已经发生，再也无法挽回了。

在职场上，员工一定要记住，没有孤零零的责任，大事跟小事之间存在着必然的联系，尽不到对小事的责任，就会影响大事的效果。

中国有一句古话，叫“差之毫厘，谬以千里”，讲的是任何细节或者小事都会事关大局，牵一发而动全身。

现在社会分工越来越细，我们的工作也不是孤零零存在的，每一个岗位都与其他岗位的工作相关。对于一项巨大的工程来说，哪怕看似跟它关系不大的一个细微之处，也可能会成为影响其成败的关键。

蝴蝶效应告诉我们，任何事物都是有联系的，工作中也没有孤零零的责任。我们在职场上的不负责任，可能导致一项宏伟工程的破产。如果我们对每一件小事都能认真负责，那么事业成功后的表彰名单上也必然会有我们的名字。

只要我们能够对工作中的每一件事情认真负责，无论我们的任务是大是小，只要我们尽到责任，就能使工作的结果向着好的方向发展；只要我们把每一件小事做好，就能成就大事。

◆ 工作中无小事，要把每一件平凡的事都做好

很显然，普通人在大多数的日子里都在做一些小事，怕只怕小事也做不好、做不到位。很多人不屑于做具体的事，不屑于做小事和观察细节，总是盲目地相信“成大事者不拘小节”。殊不知，能把自己所在岗位的每一件事做成功，做到位就很不简单。

美国福特汽车公司的汤姆·布兰德是我们许多年轻人走上工作征程的典范。他从一个普通的杂工做起，经过多个岗位的历练，在做好的每一件小事中都获得了成长，并最终成为“汽车王国”里最年轻的总领班。这是一件很不容易的事情，也是一个漫长等待的过程，甚至在这期间，连他的父亲对他的举动也感到十分不解，但也许连他的父亲也没有想到，正因如此，他才会用12年的努力从众多员工中脱颖而出，换来了现在的成绩。

从小事开始，逐渐锻炼意志，增长智慧，日后才能做大事，而眼高手低者，是永远也干不成大事的。通过小事可以折射出你的综合素质以及你所具备的优点。从干小事中见精神，得认可。以小见大、见微知著，你只有赢得人们的信任，才能得到干大事的机会。

日本东京的一家贸易公司有一位专门负责为客户订票的女员工，经常给德国一家公司的商务经理预定来往于东京和大阪之间的火车票。不久之后，这位经理发现了一件奇怪的事：每次去大阪时，他的座位总是在靠列车右边的窗口，返回东京时又总是靠左边的窗口。

有一次，这位经理把这件事告诉了订票小姐。订票小姐说："火车去大阪时，富士山在您的右边，而返回东京时，它则是在您的左边。我想，外国人都喜欢日本富士山的景色，所以每次我都替您预订好不同位置的车票。"

就是这么一桩不起眼的小事使德国客户深受感动，并促使他把与这家公司的贸易额由原来的400万马克提高到了1000万马克。一张小小的车票居然价值600万马克，这不能不说是在小事上做足了准备的结果。

在工作中，没有任何一件事情小到可以被抛弃；没有任何一个细节，细到应该被忽略。海尔集团的张瑞敏曾这样说："把每一件简单的事做好就是不简单、不平凡。"同样是做小事，有的人最后成功了，那是因为他们没有把这些小事当作小事来做。

小事成就大事，细节成就完美。"不积跬步无以至千里，不积小流无以成江海。"在平凡的岗位上，我们要注意从小事入手，先成就小事，再成就大事，最后走向成功！

一名美国人到上海参加一个商务会谈，入住在一家五星级的酒店。当这个美国人早晨从房间出来准备吃早餐时，一名漂亮的服务小姐微笑着和他打招呼："早上好，杰克先生。"美国人感到非常惊讶，他没料到这个服务员竟然知道自己的名字。服务员解释说："杰克先生，我们每一层的当班服务员都要记住每一个房间客人的名字。"美国人一听，非常高兴。在服务员的带领下，美国人来到餐厅就餐。在享用完一顿丰盛的早餐后，服务员又端上了一份酒店免费奉送的小点心，美国人对这盘点心很好奇，因为它的样子实在是太奇怪了，就问站在旁边的服务员："中间这个绿色的东西是什么？"服务员看了一眼，后退一步并再给出详细的解释。当客人又提问时，她上前又看了一眼，再后退一步才回答。原来说话时后退一步是为了防止她的口水溅到食物上，美国客人对这家酒店的细致服务感到非常满意。

一个眼里能看见小事的人，将来自然能看见大事；一个眼里只能看见大事的人，他会忽略很多小事，是不会成功的。做不好小事，何以成大事、成大业？

珍视每一个细节，就是珍视自己的工作和事业。漫漫人生路，我们注意的风景有很多，忽视的细节也会很多。而要成就一番事业，必须关注事物发展过程中每一个细节的处理。

每个人都会有自己的远大理想和目标，但绝不可好高骛远，绝不可以事小而不为。我们要着眼于大，更要着眼于小。抓小是一个过程，我们要从一件件、一桩桩简单事、平凡事、具体事抓起，不求其多，但求其实。

许多成大事之人，都是从一点一滴的小事做起的。我们必须明白，工作中并没有小事，那些眼高手低的人，永远是失败者。

一定不要做“差不多”先生

每个企业都可能存在这样的员工：他们每天按时打卡，准时出现在办公室，却没有及时完成工作；每天早出晚归、忙忙碌碌，却不愿精益求精，把工作做到位。对他们来说，工作只是一个“差不多”的事。

这种“差不多”的心态要不得！我们每个人、每个企业，都要努力避免陷入这个误区。无论做什么事情，都要多问自己几次，“真的可以‘差不多’吗？差的那一点儿会给自己、给公司、给顾客带来什么害处？”只有这样，我们才能彻底告别“差不多”先生，真正杜绝“失之毫厘，谬之千里”的工作失误。

问及工作情况，这也差不多，那也差不多；遇事不求过得硬，只求过得去，对人对己差不多就行了；工作起来稀里糊涂，敷衍了事，结果造成了难以挽回的损失。比如，一个企业要想实现安全生产的目的，就必须消除“差不多”思想。

安全生产是企业永恒的主题，稍有疏忽，潜在的危险就可能转化为人身事故。应该说，大部分已经发生的安全问题都是很明显的，往往是“明火”，而不是“隐患”。并不是藏得很深发现不了，也不是困难很大解决不了，而是人们对眼前的问题缺乏较真的精神。在实际工作中，对于“安全第一、预防为主”的方针，有些企业喊得多、落实得少，叫得响亮、行动迟缓。

其实，很多安全事故是可以防止和避免的。企业在安全生产的工作中，只要摒弃“差不多”思想，认真推行标准化作业，做到认识到位、措施到位、考核到位、检查到位、整改到位，不断提高企业干部员工的责任意识和求精意识，安全事故就会大量减少。

在职场中，很多人认为自己的工作太简单了，根本不值得全心投入，更不必花费太多精力，于是一边抱怨没有机会，抱怨上司不识自己卓越的才华，一边敷衍工作，只做到差不多、说得过去、上司挑不出毛病来就行了。殊不知，这种“差不多”的思想导致的最终结果却是“差很多”。

有一家企业引进了一台德国设备，德国工程师在设备安装调试验收时，发现有一个螺丝歪了，但是它的紧固度没有问题。企业的工程师却认为这没什么大不了的，所有六角螺丝的紧固度不可能都一丝不差，差不多就行了。德国工程师却坚持说：“不，这完全可以做到。六角螺丝歪了，是因为在拧这个螺丝的时候，没有按标准规范进行操作。”后来调查发现是安装工人的问题。按照技术的操作标准要求，上这些大螺丝需要两个人共同完成，一个人固定扳手，另一个人拧螺丝。可是，他们的操作却是一个人拧螺丝，另一个人在休息。

对于现代企业和组织来说，也许最应该提的两个字就是“到位”。毫不夸张地说，企业和组织里从来不缺聪明人，也从来不缺能够做大事的人，缺的是那种能够将工作踏踏实实做对并做到位的人。不管你是初入职场的新人，还是久经磨炼的职场老手，在激烈的职场竞争中，把工作“做对”只是最基本的要求，而“做到位”才是我们的最终目标。

海尔集团的张瑞敏说："有一种人，如果每天让他擦六遍桌子，他开始也会擦六遍，但可能慢慢觉得擦五遍、四遍也可以，最后索性不擦了。"

这种人做事的最大毛病是不认真、不到位，每天工作欠缺一点，天长日久就会成为导致落后的顽症。

张瑞敏就是因为熟知某些人工作不到位，才发明了"日清日毕，日清日高"的 OEC 管理办法，以此来严格要求当天的工作必须当天完成。

张瑞敏常常向员工宣传这样一个理念："说了不等于做了，做了不等于做对了，做对了不等于做到位了，今天做到位了不等于永远做到位了。"

其实，很多时候，我们缺少的并不是技术、设备、流程和理念，而是一种尽力把工作做到位的执着精神。只要我们每个人都抱有消灭"差不多"的决心，把自己的工作做到位，公司的发展和自己的成长就指日可待了。

第六章 对结果负责，才算真正完成任务

◆ 种下责任的种子，收获业绩的果实

人们常说：“种瓜得瓜，种豆得豆。”责任和结果之间也存在着这种关系，种下责任的种子，才能保证收获理想的结果。责任保证结果，责任确保业绩。因此，在工作中，我们要尽到自己的责任，一切以实现预定的结果为最终目的。

一名员工如果懂得了这一点，就会在工作中主动承担起责任，保证工作结果。这样既能为企业发展贡献出自己的最大力量，也能体现自己的最大价值，获得更多的成功机会和更广阔的发展平台。

美国有一家很出名的咨询公司，他们经常在世界各地举办演讲活动。

在演说家演讲之前，公司会安排专门人员把有关演讲者本人和演讲内容的材料及时送达听众手中。

有一次，公司同时在芝加哥和得克萨斯举办演讲活动，主管分别安排了安妮和琳达负责两地演讲材料的邮寄工作。

安妮接到任务以后，提前六天就联系了快递公司，她还亲自核对了收件人的地址、联系方式和材料的数量，并包装好了材料，选择了适当的货柜。她认为这样做肯定是万无一失了，自己已经很负责任了，按照快递公司的惯例，材料将比预定时间提前两天送达。

但是，她遗漏了一点，她没有向联系人确认材料是否已经送达。结果，这些材料被联系人的女佣当作无用的广告宣传材料扔进了垃圾桶。

去得克萨斯演讲的彼得接通了助手凯特的电话，他说："我的材料到了吗？"

"到了，我三天前就拿到了。"凯特回答说，"负责邮递您的材料的是琳达，她打电话告诉我，听众可能会比原来预计的多 100 人，不过她已经把需要的材料也准备好了。"

因为允许有些人临时到场再登记入场，因此，琳达对具体会多出多少人也没有准确的预计，为保险起见，她多寄了 400 份材料，并且告诉凯特，如果演说家还有别的什么要求，可以随时打电话找到她。这种负责任的态度和细致准备让演说家非常满意。

安妮虽然也做了大量的工作，付出了不少努力，但是，就因为她没有打个电话确认一下，结果没有完成任务，之前所做的一切努力都是白费。而琳达知道要对自己的工作结果负责，她知道结果才是工作的最终目的，把演说家的材料及时准确地送到他的手中，这才是她的职责。达不到这个目标，她的责任就没有完成。

对结果负责到底，才是真正的负责。工作中，每一个领导都希望自己的员工能够像安妮那样，具备以结果为导向的责任感，将问题圆满解决。有些人虽然也做了不少工作，付出了不少汗水，但是，没有结果的工作其实是无效的，是没有价值的，无法为企业带来效益。只有对所做工作的结果负责，才能确保每一次任务、每一个行动都具有实际价值。

海尔冰箱厂原来有一个五层楼的材料库，这个材料库一共有 2945 块玻璃，如果你仔细看，一定会惊讶地发现每块玻璃上都贴着一张小纸条。每张小纸条上印着两个编码，第一个编码代表负责擦这块玻璃的人，第二个编码代表负责检查这块玻璃的人。

海尔在考核准则上规定：如果玻璃脏了，责任不在负责擦的人，而在负责检查的人。也就是说，擦玻璃的人只管擦玻璃，而负责检查的人要对玻璃干净这个结果负责。

这就是海尔 OEC 管理法（又称为“日清管理法”）的典型做法。这种做法将工作分解到“三个一”，即每一个人、每一天、每一项工作。

当时，生产一台海尔冰箱总共有 156 道工序，海尔精细到把 156 道工序分为 545 项责任，然后把这 545 项责任落实到每个人的身上。

在海尔，大到机器设备，小到一块玻璃，都清楚标明责任人与负责检查的监督人，都规定着详细的工作内容及考核标准。只要每一个人都完成了自己的小责任，那么整个团队的大责任也就能很好地完成了，公司确定的大目标也就实现了。

海尔这种做法的好处在于每一个人都有明确的责任，都有明确的结果需要去达成。正是这些一个个不起眼的小责任，保证海尔成长为一个非常成功的企业。

企业就像一部巨大的机器，螺丝钉有螺丝钉的责任，发动机有发动机的责任，尽管它们的岗位不同，但是责任却不分大小。发动机坏了，机器自然无法运转；一颗不起眼的螺丝钉如果出了问题，同样也会带来巨大的危害，可能导致整部机器报废。

一丁点儿的不负责，就有可能使企业蒙受巨大损失；而稍微加强一点儿责任心，就可能为一个公司带来腾飞的契机。因此，责任对结果的意义重大。如果一名员工没有对自己的工作负责，也就意味着他放弃了在公司中获得更好发展的机会。

因此，要想在职场上获得更好的发展，要想为企业创造更大的效益，获得更大的发展平台，我们就需要对工作负责，收获更好的业绩。

保持责任心，提高事业心

什么是责任心？责任心是指对事情敢于负责、主动负责的态度。责任心是一个员工作为企业、组织、团队的一员必须具备的基本素养。一个没有责任心的员工，必定是一个不负责任的员工。这样的员工还谈何执行力？

执行力源于责任心。责任决定执行，执行成就事业。只有有了责任心、事业心，才会有执行力。必要时刻要保持高度的责任心和事业心，尽职尽责地做好本职工作。只有责任心提高了，才能真正提高执行力，提高工作效率，才能在事业中有所作为。

一个人有了责任心才能敬业，自觉把岗位职责、分内之事铭记于心，才能知道该做什么，怎么去做。一个人有了责任心才能尽职，一心扑在工作上，能做到不因事大而难为，不因事小而不为，不因事多而忘为，不因事杂而错为，并且不因循守旧、墨守成规、原地踏步，而是能勇于创新、与时俱进、奋力拼搏。

如果你有很强的责任感，能够接受别人不愿意接受的工作，并且从中体会到乐趣，那你就能够克服困难，达到他人所无法达到的境界，并得到应有的回报。对于上面这句话，比尔·盖茨中肯地说："从我个人的职业历程来看，也是如此。"所以，无论你现在做着什么工作，只要具备了强烈的责任意识，就能在工作中更好地体现自己的人生价值，就能有更好的职业发展。

有责任心的人一定会按时、按质、按量地完成好每一件事，能主动处理好分内与分外的相关工作，能主动承担责任而不推卸责任，也会坚持到底，绝不放弃。有了强烈的责任心，我们就会对自己的工作表现出积极、认真、严谨的态度。只要我们每个人在对待工作时都有较强的责任心，那么，再困难的事情做起来也可以变得游刃有余。

为公司多做的每一件事都是你迅速提升能力的机会。如果这样的机会不常有，而你又想不断地、更快地提升自己的能力，又该怎么办呢？不妨向博恩·崔西学习。

博恩·崔西是美国家喻户晓的成功学大师、亿万富翁。有人向他请教成功之道时，他讲到了自己年轻时的经历。他认为："要成功，就必须不断提升自己的能力。事业心越强，能力提升得越快。"

他二十岁出头时，还只是美国一家大型企业里最基层的员工，属于"螺丝钉"式的小人物。那时，他被安排在最里面一间狭小的办公室里办公，只有一张桌子和一把椅子，没有电脑。每天，他从早忙到晚，处理一些鸡毛蒜皮的事情。

当然，他完全胜任了这些工作，但是他向上司抱怨："我是一个干大事的人，这些鸡毛蒜皮的事常常让我有一种挫败感，我认为自己的价值没有被得到充分利用。"但他的上司对他说："这我管不着，你要有怨言，就去找老板。"

年轻的博恩·崔西果真找到了公司的老板，向他说："老板，您好！现在安排给我的工作，我已经完全能胜任了，我希望自己能获得更多的机会，去完成更多的任务，去承担更多的责任，可以吗？”

面对事业心这么强的下属，老板感到欣慰不已。不过，老板表面上不动声色，只是让他先回去。一周之后，博恩的工作还是干原来那些事。于是，他又找到了老板，再次表达了自己愿意承担更多责任的想法。就这样，一个月后，老板找到了他，对他说：“博恩，我准备在你的本职工作之外，安排一些别的事情让你干，你愿意吗？”博恩自然满心欢喜，马上答应了。

从此，博恩不断地要求老板和上司给自己更多、更有难度的任务，并且他总是能在规定时间前保质保量地完成任务。当然，为了完成这些任务，他经常要加班加点，工作到深夜。但他认为这些都是值得的，因为每一次自己出色地完成任务时，老板都对他赞赏有加。

很快，博恩就获得了老板的认可和青睐，于是，他所接手的项目越来越多、越来越大，职位和薪酬也越来越高。

博恩·崔西的这段经历告诉我们，当你不断地激发自己的事业心时，你就能让自己的能力如火箭般上升。人的能力都是在不断的挑战中才能获得提升的。当你能不断地挑战困难并最终战胜困难时，你的能力将会不断跃上新的台阶。

工作是人们用以谋生的一种方式，是人们赖以生存的精神寄托，更是优秀员工执着一生，愿意为之献身的信仰。对工作要有事业心、责任心，只有这样，工作才能被赋予美丽的灵魂和充实的内涵，员工才能从工作中享受到乐趣，才能让自己变得更加优秀、更加成功。

99% 不等于完美

在工作中，我们常常会听到这样的说法："我是个新手，把活儿做成这样就不错了。""这套模具加工完成后，跟图纸要求的误差很小，也算可以了。""今天我加工了 300 个零件，才出了 10 个次品。在车间里我是技术最好的了！"

在数学上，如果 100 分是满分，那么，差一分就是 99 分，这也是响当当的高分了；但是，在工作中，有时候仅仅差一分，结果却等于 0。客户服务中有这样一个公式：99%的努力 +1%的失误 =0%的满意度。也就是说，纵然你付出 99%的努力去服务客户，但只要有 1%的失误，就会令客户产生不满；如果这 1%的失误，正是客户极为重视的，那你就会前功尽弃，前面 99%的努力将付诸东流。

99%不等于完美，企业要想在商战中获胜，个人要想在职场上脱颖而出，就不能只满足于 99%，不能忽略那个看起来微不足道的 1%。这个 1%，或许正是平庸与精英、失败与成功之间的根本区别。

一次，海尔集团的杨绵绵到分厂检查工作，在一台冰箱里发现了一根头发丝。她马上召开相关人员开会，有人不服气地说："一根头发丝又不会影响冰箱质量，拿掉就是了，何必小题大做呢？"杨绵绵却态度坚决地告诉在场的干部职工："抓质量就是要连一根头发丝也不放过！"

又有一次，一名洗衣机车间的职工在进行"日清"时，发现多了一颗螺丝钉。大家都意识到，这里多出一颗螺丝钉，就意味着哪一台洗衣机少安了一颗螺丝钉，这可是关系到产品质量和企业信誉的大事。

为此，这个车间全体职工下班后主动留下，复检当天生产的1000多台洗衣机，用了两个多小时，终于把问题查了个水落石出——发货时多放了一颗螺丝钉。

工作中每个人的岗位虽然有所不同，职责也有所差别，但任何工作对责任的要求都是一样的，每个领导也都希望自己的员工能够把工作做到完美，而不是躺在99%的功劳簿上睡大觉。

不论是个人还是企业，如果只满足于99%的工作成绩，那么，就会把自己放在一个看似很美实际上却很危险的境地里，那个被忽略的1%也许正是压垮骆驼的最后一根稻草。只有不满足于99%，才能激发出更大的潜力，才是真正对工作结果负责任。

贝蒂是一位房地产推销员，她工作十分出色，不像其他推销员那样，仅仅把房子卖出去就万事大吉了。即使已经卖出了房子，她仍然会给顾客们提供更多的服务。

在顾客入住新房子之前，贝蒂会去了解供水、供电是否正常，以确保顾客的正常生活不受影响。她熟知当地学校和教师的情况，甚至叫得出一些老师的名字，于是她给顾客提供意见，帮助他们的孩子顺利转入新学校。她还能准确地说出附近的交通状况等。她知道搬入新家后顾客做饭还不方便，因此每当新住户搬进新居，她都会准备一份礼物，并在住户入住的第一天与他们共享一顿晚餐。她还介绍新来者加入社区的俱乐部，把新住户介绍给邻居们。

贝蒂从各个方面尽力帮助新住户迅速融入社区生活。结果，顾客们在买了房子之后，仍然愿意找她帮忙解决问题。他们觉得贝蒂不仅仅是个卖房子的销售员，更是能帮助他们更快乐地生活的好朋友。可想而知，贝蒂的业绩在口碑相传之下，自然是芝麻开花节节高了。

不怕做不到，就怕想不到。毋庸置疑，只满足于做到99%的工作态度，可能会使我们的工作没有过人的业绩。这与完美的工作结果之间隔着一条巨大的鸿沟。只有追求完美，才是真正负责任的态度；也只有拥有这样的责任感，我们才能最大限度地激发自己的潜力，突破自己的瓶颈，使自己的能力和业绩更上一层楼。

那些做到99%就满足的员工，他们的责任心是远远不够的，不能把任务做到完美，就不是对工作真正负责。只有真正做到对结果负责，把工作做到完美，才能获得成功。

负责从脚踏实地开始

很多人都期待着在职场上大展拳脚，恨不得一夜之间就做出一番事业来。这种热情和理想是很好的，但是，要想获得成功，我们首先要负责任地把手头的每一件工作都踏踏实实地做好，一步一个脚印地去实践自己的职业理想。罗马不是一天建成的，升职加薪也不是天天都有的机会，在职场上有所发展更不是一朝一夕之功。

不积跬步，无以至千里；不积小流，无以成江海。自古以来，人们都强调做事要脚踏实地。很多时候，人们都习惯把负责变成空谈，不能脚踏实地地去做事。无论是企业的成功还是员工个人的成长，光有空想或者口号是不行的，要达成目标，要做到对工作真正负责，就必须从脚踏实地开始。

肯德基准备进入中国市场之前，公司首先派了一位代表来中国考察市场。他来到北京之后，看到街道上人头攒动的热闹场面，顿时信心大增，仿佛看到了肯德基进入中国市场之后财源滚滚的美好前景。

因此，他没有再去做细致的调查工作，就认定这个巨大的市场必将适合肯德基的发展。

带着这份美好的想象，他马上回到公司向上级描述了这个巨大市场的美好前景。但是，上司仔细询问了他的工作情况之后，就知道他并没有做详细缜密的调查。因此，还没等听完汇报就停了他的职，然后另派了一位代表来到中国考察。

新代表是一个脚踏实地的人，他来到北京之后，进行了大量的实地走访。他先在几条主要街道观测了人流量，之后，他还请不同年龄、不同职业背景的人品尝他们公司的炸鸡，并详细询问了他们对炸鸡的味道、价格等各方面的意见。

除了这些工作，他甚至还对貌似跟他们不相干的北京的油、面、蔬菜、肉等生活日用品进行了广泛的调查，走访了许多生产鸡饲料的厂家，询问价格和销售情况。最后，他将这些翔实的数据做成报告带回了总部。

根据这些资料，公司有针对性地制订了进军中国市场的计划，然后让这位代表带领一个团队回到北京。后来，肯德基凭借前期的充分准备，打开了中国这个巨大的市场。

肯德基要打入中国市场，光有大口号、大志向是不够的，首先要做好前期的市场调查工作。这个工作的重要性不言而喻，可以说考察结果直接决定着公司的战略方向和经营计划。因此，脚踏实地地获得真实有效的各种数据就成为考察代表最重要的责任。

虽然两位代表的任务都是考察市场，为肯德基进入中国市场提供参考资料，但是，两人在对待自己责任的表现却有很大差别。第一个代表只是满足于看到的表面现象，并未实实在在地进行细致考察，就兴高采烈地回复上司去了；而第二个代表则踏踏实实地去行动，从而圆满完成了自己的任务，做到了真正对工作负责。

一个人在职场上到底能够走多远，能获得什么样的成就，归根结底还是要靠自己。不要迷信什么奇迹，未来就掌握在脚踏实地做事的人手中，一步一个脚印地对待自己的工作是对负责最好的注解。要想取得出色的成绩，要想在职场路上走得更远，我们就要脚踏实地，用负责的态度和工作成绩为我们的成功奠定基础。

有些人在工作中很有创意和能力，但是缺乏务实的精神。他们无法沉下心来做好手头的每一件事情，总是停留在纸上谈兵阶段，不能把任务实实在在地完成，幻想着一步登天。这样的人非常可惜，他们虽有成功的头脑和能力，却缺乏成功所必需的责任心和脚踏实地的工作态度。

很多企业在车间或者办公室的墙壁上张贴着各种各样的口号，但是，有多少员工按照这些口号的要求踏踏实实去做了呢？员工们对待工作流于形式地应付，不过是使这些口号成为一种讽刺罢了，不能踏踏实实做事的企业和员工，早晚要在竞争激烈的社会中黯然落幕。

一位企业家曾这样问杰克·韦尔奇："我们大家知道的都差不多，但为什么我们与你的差距那么大？"

杰克·韦尔奇的回答是："你们都知道，但是我做到了。"

这个答案简单得出人意料，但却道出了成功的真谛：负责不仅需要知道自己的责任，更要脚踏实地地去做！在工作中，只有把责任落到实处，踏踏实实地用实际行动把口号变为现实，才能真正尽到自己的岗位职责，为企业创造价值。如果每一个员工都能在自己的岗位上真正负起责任来，脚踏实地地把工作做好，何愁工作没有业绩？何愁公司没有效益？又何愁自己在职场上没有前途呢？不论事情简单还是复杂，都能抛弃浮躁、摒弃幻想，一丝不苟地去完成工作，始终坚定不移地向着自己的目标迈进。

让问题到“我”为止

杜鲁门在白宫任职时，在他的书桌上一直摆放着这一句座右铭：The bucks stop here，意即“水桶到此为止”。

这句箴言是有典故的：如果水源离生活区有一段距离，大家就会排成队，以传递水桶的方式把水运到生活区来。后来，这句话的意思引申成了“把麻烦传给别人”，意指推诿。

作为一个有担当的人，杜鲁门自然很不屑于这样的处事作风，他贴上这样一张字条，是在提醒自己和周围的人：当问题发生的时候，不要试图去找替罪羊，要积极地寻找解决之道，让问题到自己为止。

现代的职场人也当具备“有担当，负责任”的态度，拿出一种“迎难而上，不达目的不罢休”的精神。困难来了，麻烦来了，不要总想着逃避推脱，你推我、我推你只会让困局变得更棘手。只有拿出突破困境的勇气，扛起一份沉重的责任，才有可能在压力中释放潜能，在庸碌的人群中凸显不俗。

现实中，我们经常看到的有些人是什么样的工作态度呢？碰到问题就找借口，说真的是没办法，所有办法都用过了，还是不行！三个字“没办法”，就成了不用继续努力的最佳理由。其实，是真的没有办法吗？非也！办法不是等出来的，而是想出来的，未曾好好动脑筋去想，自然不可能有办法。

卡内基曾经在宾夕法尼亚匹兹堡铁路公民事务管理部做小职员。有一天早上，他在上班途中看到一列火车在城外发生意外，情况危急，但此时其他人都还没有上班。一时间，他不知道该怎么办才好，打电话给上司，偏偏又联络不上。

怎么办呢？在这样的情况下，他深知，耽误一分钟，都有可能对铁路公司造成巨大的损失。虽然负责人还没到岗，但他不能眼睁睁地看着损失不断扩大。卡内基当即决定，以上司的名义发电报给列车长，要求他根据自己的方案快速处理此事，且在电报上面签了自己的名字。他知道，这么做有违公司的规定，将会受到严厉的惩罚，甚至可能会被辞退，但与袖手旁观相比，这样的损失微不足道。

几个小时后，上司来到了办公室，发现卡内基的辞呈，以及他今天处理事故的详细经过。卡内基一直等着被辞退的通知，可一天过去了，两天过去了，上司迟迟没有批准他的辞职请求。卡内基以为上司没有看到自己的辞呈，就在第三天的时候，亲自跑到上司那里说明原委。

“小伙子，你的辞呈我早就看到了，但我觉得没有辞退你的必要。你是一个很负责任的员工，你的所作所为证明了你是一个主动做事的人，对这样的员工，我没有权力也没有意愿辞退。”上司诚恳地对卡内基说了这样一番话。

不把问题留给老板，不把难题推给同事，有一种死磕到底的韧劲儿，这就是职场中最缺乏的精神。对待工作中各种各样的问题，不要幻想着逃避，让问题到“我”为止。

第七章
做好分外事，赢得分外彩

找事做，不管分内分外

日常工作中，我们常常会遇到这样的情形：领导或者同事有时会让你做一些职责之外的工作。这个时候你应该怎么办？不少人会以“这不是我分内的工作”为借口进行推托，最后即使是做了，也是迫于领导的压力，或是碍于同事的面子，但自己却心不甘、情不愿、气不顺。

“这不是我分内的工作”，这话说起来很容易，但它却反映出一个人的成熟程度。一个有着长远眼光的员工不会说这句话，在他们眼中，工作不分分内分外。他们懂得一个道理：分内的工作是自己应该完成也是必须完成的，而分外的工作是自己在时间允许且完成了本职工作的前提下，能尽量去多完成的事。

很多人都觉得把自己的事做好就行了，那些分外的工作不是自己负责的，做不做都行。别人如果去做了，有些人还很不理解，觉得那些人真是傻。

也有一些人，虽然知道有些事并不是自己应该做的事情，但是他们依然会去做，因为他们觉得这样有利于他人，有利于大家。而这样的人往往能够赢得他人的好感。这就是爱岗敬业精神的体现。

马克在美国一家律师事务所担任律师助理，有一天中午，办公室的同事们都出去吃午饭了，身体有些不舒服的他一个人趴在桌子上休息。这时，公司的一个董事在经过他们办公室的时候停了下来，他想找一些特别重要的客户资料。

这原本不是马克的分内工作，也不在他的工作范围内，但他却立刻站了起来，对这位董事说："您好，吉米刚才出去吃饭了，您是想找些资料吗？虽然我不负责这些资料，不过您可以告诉我您需要哪些资料，稍后我会尽快把这些资料整理好送到您的办公室里。"一番热情洋溢的话让这位董事先是愣了愣，然后微笑着点了点头。

没用多久，马克就强忍着身体的不适，细致认真地将这位董事想要的客户资料全部分类整理好，稳妥地送到了他的办公室。在接到自己想找的客户资料后，这位董事显得特别高兴，连连对马克说了好几声"谢谢"，并从此认识了极具服务精神的马克。

比起一些人平庸无味的职场经历，马克的人生际遇可要精彩多了，这件事儿过去不到一个月，他就被提升为这位董事的私人助理。

马克做了分外的事，在做这些分外之事时得到了领导的赏识，后面还得到提拔。这些事非常简单，只不过是举手之劳而已，并不需要付出很多，可就是这样的小事，为什么其他人不去做呢？原因就在于，他们没有那种为他人服务的热情和爱岗敬业的精神。

做好自己分内的工作只是我们每个人的职责所在，并不值得对我们提出特别表扬，而时不时地揽下不属于自己的活，在别人眼里却是一种难能可贵的品质，当然值得他人对我们另眼相看，真诚相待。

在工作中，经常会有一些“苦差事”。很多人对苦差事唯恐避之而不及，但殊不知，很多时候，那些没有人愿意去做的苦差事，恰恰是你展露才能和勇气的非常好的机会。任何工作都隐藏着一些未知的机会，如果我们能够主动去找事做，那么能够获得的机会也就更多。

黄小伟是一家新公司的文员，他主要负责的工作就是在公司接听电话、打字、复印等，所干的工作也很零散。有一天，总经理的秘书生病没有来，这让领导的办公桌上到处都是杂乱的文件，很多文件还得总经理自己整理。

总经理每天非常忙，需要处理要事，起草文件，忙得不得了。黄小伟发现了这个情况，于是便主动去帮总经理收拾办公桌。黄小伟手脚麻利，很快就把总经理需要的文件交到他手中。速度快、细致认真，总经理对他有了新的认识。

后来，总经理将黄小伟任命为自己的秘书。

假如你可以主动去找事情做而不是等事情做，那么你会获得更多的乐趣，获得更多的锻炼，得到更多的提升机会。时间长了，你在事业上也会获得更多的发展，获得他人得不到的丰厚回报。

在一家公司里，由于事务繁忙的原因，总有职位会出现空缺，就算是在一个人才济济的公司里也是如此。管理者在分配任务的时候，他同时也会在某个细节上出现一些不可避免的疏漏。这个时候，就需要有责任心的员工去查漏补缺，及时补位，让事情防患于未然，积极主动地工作，让工作变得更加完美。

主动是为了给自己增加机会，为了让自己得到更多的锻炼，增加实现自己价值的机会。在企业中，你拥有了展现自己的平台，具有什么样的结果，发展得如何，那就全靠你自己了。成功永远奖赏那些能抓住机会、积极主动的人。

工作中所有的机会，实际上都是来自自己的主动争取。那些消极被动的人，永远没有机会，就算他们偶然获得了机会，最后也只能白白溜走。

积极主动是一个优秀员工应该具备的基本素质。我们常常会发现很多人一夜成名，实际上，他们在功成名就之前，已经默默无闻地努力了很久很久。成功是一种累积，不管是什么样的行业，想要攀上顶峰，都需要漫长的努力和精心的规划。

如果你想获得成功，那么你就需要永远保持主动的精神去面对你的工作。就算你所面对的是毫无挑战和毫无生趣的工作，你也应该做到自动自发、积极主动，直到最后获得回报，取得成功。

作为一名员工，要想在工作中有所作为，取得成功，就不要强调分内分外，除了尽心尽力地做好本职工作以外，还要主动去做一些分外的工作，这对于一个人的成长，往往会产生意想不到的作用。很多时候，分外的工作对于员工来说是一种考验，你能够任劳任怨地工作，能够胜任更多的工作，说明你的能力够强，能够委以重任。

主动工作，让机会多一点

不要觉得你所工作的企业只是老板一个人的，你的工作做得好坏，直接关系到你自己的职业发展。经常抱怨的人，很容易成为“按钮”式的员工。他们常常是按部就班地工作，缺乏活力，时刻需要人监督。在老板不在的时候，他们可能就会偷懒，实际上这是在自毁前程。

不管我们在做什么样的工作，都要把企业当成是自己的来看待，把工作当成是自己的事业。这样一来，我们在工作的时候就会更有激情，更加负责，而且也会更加主动，你所得到的也不只是工作给你带来的成就感，还可能会有很多机会。

主动执行是一种极为难得的美德，它能驱使一个人在没被吩咐应该去做什么事之前，就能主动地去做应该做的事。职场上有些对工作消沉的人一定要在上级盯着的情况下才能够好好地工作。要不然的话，他们就会偷懒，老板给多少任务就完成多少，多干一点儿活都觉得很委屈。但是，你想过没有，与其这样每天浑浑噩噩地混日子，不如好好利用时间多干点儿工作。完成了本职工作，还可以积极主动地做一些其他事情。如此下去，一天两天也许看不出什么变化，但是时间久了，你就会发现，自己做了好多事情，能力也在慢慢地提升。自然而然地，就能够得到更多的机会。

对于那些成功的人来说，不管面对的工作是简单的还是复杂的，不管对工作有没有兴趣，他们都会主动去做事情、找解决问题的办法。甚至，他们可能比老板更加积极。这种主人翁的意识可以帮助一个人获得更好的发展。

一个人想要取得更大的成就，就要具有自动自发的精神。即便我们面前的工作非常无聊，也不应该找借口推托。

在我们的生活中，有两种人永远都一事无成，一种就是那些除非别人要他去做，否则他绝对不会主动去做事的人；而另一种人则是那些别人要求他做，他也不好好去做，或者做不好的人。那些不需要别人催促，就主动去做事情的人，不会半途而废，因为他们知道，付出得多，回报得也多。

然而，有些员工并不能做到这一点。他们不去主动做事，工作态度也很差。在接到指令后，还要等到老板具体告诉他每一个项目可能会遇到的问题。他们根本就不会去借鉴过去的经验，也不会去思考这次任务到底和以前的任务有什么不同，是不是应该有什么地方需要提前注意。他们遵守纪律、循规蹈矩，但是却没有一点儿责任感，只是非常机械地将自己的任务完成，一点儿创造性也没有。

有些人在工作中，没有了领导委派的任务就不知道该做什么了，也不知道自己的工作重心在哪里，应该怎么做。真正爱岗敬业的员工是绝对不会这样的，很多时候，他们会积极主动地找事情做。

如果一个人在职场中能够得到长期的发展，那么他一定是一个爱岗敬业的人，是一个能够积极主动地面对工作的人。我们要明白，在工作中，不管我们需要承担的是什么样的任务，都要好好去做。

在开展工作时，就算是能力很强的人，也很难预料到会发生什么样的问题，所以我们在具体的工作中，需要积极地调整步伐。如果所有的事情都需要等待上级安排，我们又怎么能够做出好的成绩呢？我们必须从等待工作的状态中走出来，做一个积极主动的好员工。

主动的人总是精神饱满、积极乐观。在工作中，他们总是积极地寻求各种解决问题的办法，即使在工作中遇到困难和挫折时也是如此。在工作当中，养成主动工作的习惯一定能够给我们的工作带来不一样的变化。要养成主动工作的习惯，我们也可以为自己制订一个明确的工作计划，并主动去完成它。

养成主动工作的习惯也不是一朝一夕就能实现的，我们必须要培养自己的意志力，从小事做起，把自己当成企业的主人翁。只有这样，我们才能够逐渐养成主动工作的习惯，并使之成为我们工作品格中最重要的一个“亮点”。

◆ 乐于接受并主动要求分外的工作

不是“要我做”，而是“我要做”。

有一位年轻的铁路邮递员，和其他邮递员一样，他用陈旧的方法分发着各种信件。由于大部分信件都是靠邮递员们不太准确的记忆拣选后发往各地的，所以往往会有许多信件因为邮递员的记忆出现差错而耽误很长的时间。于是，这位年轻的邮递员开始寻找新的办法。

他发明了一种把寄往同一地点的信件统一汇集起来的制度。这件看起来很简单的事，却成了他一生中意义最为深远的事情。他的图表和计划吸引了领导们的注意，很快，他就获得了升职的机会。几年以后，他成了铁路邮政局的副局长，后来又晋升为局长，最后成了美国电话电报公司的总经理。他的名字叫西奥多·韦尔。

做出一些大家意料之外的成绩，尤其留神一些额外的责任，关注一些本职工作以外的事，这就是西奥多·韦尔获得成功的原因。同样，我们作为公司的一名员工，应该多想想“我能为老板做些什么”，而不应该抱有“我必须为老板做什么”的想法。如果你只是一味地抱有“我必须为老板做什么”的想法，那你就注定要止步于此。

一方面，你就会从思想上缺乏工作积极性从而降低工作效率；另一方面，你还会养成只做你喜欢的工作的习惯。一个人一旦被这些不良思想左右，就很难要求自己主动去做事。即使是被交代甚至是一再交代的工作，他也会想方设法拖延、敷衍。事实表明，等待命令是对自己潜能的画地为牢，从一开始就注定了平庸的结局。

有些人只求对分内的工作尽职尽责，上级没有安排的工作或者自己职责范围以外的工作就不会主动地去做，更不会发挥自己的主观能动性去开创工作。那么，这些人的工作也只能是平淡、平庸的，不会有突破，更不会有所建树。

无论你是管理者，还是普通职员，抱着“不只做自己分内的事”的工作态度就能使你从竞争中脱颖而出。你的领导、老板、客户都会关注你、赞赏你，从而给你更宽的平台、更多的机会。

职场中人尤其是职场新人，不要过于计较工作是不是分内的，有时多做一点儿事，不仅能让老板看到自己是“好用”之人，还能在不断接触新事物中磨炼自己，增加自己的附加值。从长远的职业发展来说，这是迈向成功的第一步，实际收获的价值将远远大于你的报酬。

虽说勤做事、多做事对职业发展有许多益处，但世事并非都如料想得那么好。

在一家广告公司做市场总监的张先生的遭遇就是另一种状况。张先生性格开朗、兴趣广泛，在公司是一个活跃分子。每当公司有什么活动时他总是积极地出谋划策，为部门争得不少荣誉，深得老板喜欢，并得到了许多市场总监职责以外的“工作任务”。但就是这些额外的工作最近让张先生特别烦恼。

张先生说，并非因为工作多了、累了而烦，年轻人都想多参与一些事情，多一些积累。他刚开始挺高兴，后来发现，这些分外的工作导致他与同事关系紧张。每当他做一些分外工作的时候，总会招来同事异样的眼光或是抵触情绪。

对于老板安排的分外工作，员工处理起来不能一概而论。要根据老板的领导方式、安排工作时所处的环境、分外工作的性质、老板安排工作的目的等情况来具体分析，做这些工作时，可以要求老板在适当的时候给自己相应的名分。在没有名分前做这些工作时，要强调自己是临时的。同时还要注意工作方法、说话语气，不要高高在上，给人一种盛气凌人的感觉，让同事们了解到自己这样做也是为了公司，以得到同事们的理解。

在工作中，不能分内、分外一把抓，对分内工作要争先创优，对分外工作要主动参与，既不能把分内当成工作的全部，也不能对分外有锦上添花的功利性目的，而要把工作做到让自己与领导、同事都满意！

职责所在，工作永远没有内外之分

在职场上，很多人都觉得只要做好自己的分内工作就行了，毕竟老板只给自己这么多薪水，如果多干点分外的活儿，那自己不就吃亏了吗？

在柯金斯担任福特汽车公司总经理时，有一天晚上，公司因有十分紧急的事，需要发通告信给所有的营业处，所以需要全体员工协助。

不料，当柯金斯安排一个速记员去帮忙装信封时，那个年轻的职员傲慢地说："这不是我的工作，我不干！我到公司里不是来装信封的。"

听了这话，柯金斯一下就愤怒了，他说："既然这件事不是你分内的事，那就请你另谋高就吧！"

不难发现，这种斤斤计较的心态正好反映出一个人责任意识的缺失，同时也严重阻碍了其事业的长远发展。要知道，工作是没有内外之分的，当工作出现意外的情况，又没有人能对其负责时，我们作为企业的一员，有义务挺身而出，积极地承担起额外的职责，努力做好补位工作，不给企业造成损失。

当我们带着强烈的责任感把分外工作做好时，那就能给自己塑造一个爱岗敬业的良好形象，公司的领导、同事和客户就会对我们另眼相看，从而加倍地信赖我们、重视我们，给我们更多的职业发展机会。

《把信交给加西亚》中有这么一句话：“世界会给你以厚报，既有金钱也有荣誉，只要你具备这样一种品质，那就是主动把不属于你职责范围内的工作也做好。”

是的，只要我们愿意主动去做一些分外事，我们就总能得到“分外”的回报。

张瑶是一家公司的行政助理，她平时的工作只是收发、传送一些文件。当公司出现一些杂事时，别的同事都为能少做就少做而推来推去，而张瑶总是主动去做那些事情。从此，同事们就把张瑶当成一个有求必应的“便利贴”。“瑶瑶，你去联系一下那位客户。”“瑶瑶，你把这份广告文案整理一下。”这样的事情一天比一天多。

然而，张瑶却从未觉得自己做了很多分外工作，虽然每天要处理的杂事特别多，但是，她觉得自己得到的锻炼机会也很多。比如，同事叫她去联系公司的广告业务、参与广告文案的写作、接触各类媒体等，这都给了她一个不断充电学习的机会。这些分外工作在无形中拓宽了她的知识面，提高了她的工作能力。

所以，她非但不反感去做这些杂事，反而觉得自己是一个超级幸运的“小跑堂”，有时甚至不用上司、同事发话，她都会主动去做一些分外之事，而且越做越起劲，越做越认真，越做越负责。

一直在暗中观察员工表现的老板也越来越对张瑶委以重任。从此，张瑶的工作更忙了，但是，她忙的却是一些更重要的事情了，比如接见重要客户、出席商业谈判。

时间一长，进步飞快的张瑶在工作上渐渐地能独当一面了，很快，她就凭借自己超强的责任心和工作能力，跃升至公司管理层了。

在工作中，我们常常会接到额外的任务，很多人都会在接到任务的那一刻表现得很不情愿，心里直犯嘀咕："为什么这些事总是落到我头上呢？"一旦不愿意去做，我们就不可能把任务完成得很好。而任务完成得不好，最后受影响的不仅是公司，我们自己的职场前途也会受到影响。所以，为了避免这种结局，我们要向故事中的张瑶学习，多一点爱岗敬业的精神，尽职尽责地为工作付出，踏踏实实地把工作做好。

其实，有些事情不是预先计划好的，只要问题出现了，就需要有人去处理。而能够被选作处理这些临时事件的人，我们应该感到骄傲才是，因为这说明我们的工作能力得到了认可，同时我们也能在处理事情的过程中锻炼自己的能力，最终在职场竞争中占据优势地位。

◆ 承担分外的事，让金子的光芒更耀眼

许多人满足于把上级交代的事情办好，把自己分内的事情办好，认为这样就是一个优秀的员工了。其实，做好自己的分内工作是一个员工应该承担的基本责任，但要想做到卓越，仅仅满足于承担分内的责任是不够的。

在职场中，不要把上级交给自己的任务作为标尺，否则会限制了自己的主动性和积极性，把自己关在“分内”的牢笼里，这样既不利于自己的成长进步，也不利于企业的发展壮大。

任何一个有进取心的人，都不会介意在做好自己分内工作的同时，尽自己所能每天多做一些分外的工作。一个优秀的员工，只要与工作相关，只要事关公司利益，无论是分内的还是分外的工作，都会努力去做好。付出总有回报，他们多做了一些事，多给公司创造了效益，最终他们也会得到比他人更多的成功机会。

邢志东刚刚毕业就来到一家机械加工厂工作，他的任务是制图。他常常在完成了自己的制图工作之后又去车间做些力所能及的事情，以争取尽快地熟悉整个生产工艺和流程。

工作了一个月之后，他发现压铸车间生产的产品存在一些微小的瑕疵：很多铸件内部存在小米粒大小的气泡。如果不加以改进的话，客户很快就

会发现这些瑕疵而大量退货，这样会给工厂带来很大的损失。

于是，邢志东找到了负责操作压铸机的工人，向他指出了问题。这位工人却说，自己是严格按照工程师的要求规范动作操作的，如果是压铸技术有问题，工程师一定会跟自己说的。但是，现在还没有哪一位工程师质疑他的操作技术，所以他认为自己的工作是不存在任何问题的。

邢志东只好又找到了负责技术的工程师，对工程师提出了他发现的问题。工程师很自信地说："我们的技术是经过专家指导和多次试验的，怎么可能会有这样的问题？"工程师并没有重视他说的话，转而就把这件事抛到了脑后。

邢志东坚持认为这是个严重的问题，于是，他拿着有气泡的产品找到了公司的总工程师。总工程师只看了一眼，也发现了问题。但是他没想出到底是哪里出了问题。于是，他请邢志东跟他一起检查一下整个生产流程。

总工程师带着邢志东来到车间，从原料冶炼开始检查。最后发现，原来是压铸机的一段液压油管有渗漏的现象，从而导致压力下降，产品内部出现了微小的气泡。更换了油管之后，产品果然没有瑕疵了。

经过这件事情之后，总工程师马上提拔邢志东做了自己的助手。

从一个小小的制图员一下子成了厂里的技术骨干人员，有些人觉得邢志东不就是发现了一个气泡吗？用得着这么小题大做吗？总工程师不无感慨地说："我们公司并不缺少工程师，更不缺少制图员，但是，我们缺少的是主动去做分外工作的员工。邢志东在完成自己的本职工作以后，还能发现产品问题，这个问题连本应该负责技术监督的工程师都没有发现。对于一个企业来讲，能主动承担分外事情的人才，是值得我们大力培养的。"

但凡有大成就的人，都存在着一个共同的特点，那就是他们都拥有强烈的责任感，他们不满足于仅仅做好自己的本职工作，会积极主动地去承担起更多分外的事情。正是因为有了这种责任感，他们的能力才会得到快速的提高，他们发挥自己才能的平台也不断得到扩展。这些能够主动承担更多责任的人，也必然能够成为企业欢迎的人，在工作中获得更多的发展机会。

能力永远需要责任来承载，只有主动承担责任，才华才能够更完美地展现，能力才能更快地提升，才能赢取更多的发展机会。如果你是一块金子，那么，只有承担更多的责任，才能闪出更耀眼的光芒。

雅雯在一家外企担任文秘工作，她的日常工作就是整理、撰写和打印一些材料，枯燥而乏味。但是，雅雯还是很认真地对待自己的工作，丝毫没有掉以轻心。

雅雯有意识地关注自己工作以外的事情。由于整天接触公司的各种重要文件，后来，她发现公司在运作方面存在一些问题。于是，除了完成每日必须要做的工作，雅雯还开始搜集关于公司操作流程方面的资料，并写出了一份更加合理的操作流程建议提交给了上司。

上司详细地看了一遍这份材料后，对这个建议非常赞赏，并很快将这些做法在全公司里推行。结果发现，这些做法大大提高了公司的运作效率，同事们对雅雯也是刮目相看。

不到一年的时间，雅雯就被任命为上司的助理。遇到什么大的事情，上司总会征询雅雯的意见，并让她参与决策，对她十分倚重。

在某些员工的头脑里，工作有分内和分外的差别，他们满足于做好自己的分内之事，对分外的事情从来都是“事不关己，高高挂起”。其实，为工作设置严格的界限，就等于为自身的发展设置了极大的阻碍。

真正负责任的员工会自觉消除分内与分外的界限，他们总是善于承担分外的事情，并认为这是自己该做的，自己有义务为团队贡献更多的力量。在领导眼中，这样的员工是负责任的，所以当升职的机会来临时，领导总会优先考虑他们。在职场上行走，我们要勇于承担分外的工作，从而照亮自己的职场之路。

第八章
高效能工作

忙碌不代表有成效，执行不等于落实

有些人一味强调忙碌，却忘记了工作成效，从周一到周日时刻忙碌着。而这些追求所谓“快”的忙碌实际上是在为自己制造慌乱，因为这种要求自己越忙越好的压力使职场人变得越来越浮躁。大多数人认为问题出在时间紧迫上，但事实上，是忙碌控制了我们的工作和生活。

忙碌与成效，是很多企业的“心病”：员工都尽了力，大家每天都在忙碌工作，但企业却拿不到好结果，最后销售业绩下滑，质量波动，人心浮动。同样，这也是员工们的疑惑：我们这么努力，每天马不停蹄地忙碌，为什么领导还是不满意？

一旦染上了这种“忙碌病”，我们就会迷失在毫无间隙的忙碌之中，失去清醒的头脑和必要的理智。紧张工作疲于奔命，最终却往往会发现自己越来越力不从心，工作中错误百出，无法实现日事日清，这时才后悔莫及。

谭兴椿是一个在招待所工作的服务员，因为是下岗后再次就业，所以十分珍惜这份来之不易的工作。

一天，一位客人叫住她，要她帮忙买一块香皂上来。她不由得紧张起来，还以为是自己粗心疏忽了，忘了给客人放一次性香皂。

她急忙向客人道歉，并表示自己马上帮客人把一次性香皂配好。

客人告诉她，现在招待所里用的是小香皂，不过他不喜欢使用小香皂。因为一次性小香皂个头小、质量差，还不方便拿在手里。

听客人这么一讲，她便出去为客人买回了大香皂。

第二天，这位客人走了，她收拾屋子时发现那块大香皂只用了一点点。

宾馆里配置的小香皂却没有用过。于是，她灵机一动，心想："小香皂太小，不方便使用；大香皂太大，使用不了浪费太严重。如果我能做一种环形的大香皂，中心是空的，这样既能减少浪费，又能提高利润。"

有了这样的想法，她马上进行了市场调研。在服务行业，一次性香皂消费市场潜力巨大，一般的酒店宾馆一天就要消耗上百块。这是多么大的一次机遇啊！此时，她感觉，上天给了她一次难得的创业机会。

经过不懈的努力，谭兴椿的空心香皂获得专利证书，并研制成功投入生产。后来，她的空心香皂受到了广泛好评。

在做事情的时候，由于思考得多了一点，执行上更到位一些，结果就自己为自己找到了出路。我们在职场上也要如此，有时候，一个好的方法，一个好的点子，就能够让工作效率大大提升。

为什么好的决策总是一而再，再而三地付之东流？这是因为公司的执行力不强。我们现在缺少的不是制度的建设与创新，而是贯彻与执行的力度。随处可见的“差不多”和“不到位”，无处不在的浅尝辄止和虎头蛇尾；满足于一般号召，缺乏具体指导，遇事推诿扯皮，办事不讲效率等，都是没有把计划真正执行到位的具体表现。

工作中，一边出台制度、一边破坏制度和钻制度空子的现象屡禁不止，关键就在于制度执行不力、落实不严。有相当一部分制度仅仅停留在文件中、口头上。制度不落实，比没有制度更有危害。执行是制度管理的关键环节，制度再健全、再完善，如果不执行、不落实也只能是一纸空文。

一次，海尔举行全球经理人年会。会上，海尔美国贸易公司总裁迈克说，冷柜在美国的销量非常好，但冷柜比较深，用户拿东西尤其是翻找下面的东西很不方便。他提出，如果能改善一下，上面可以掀盖，下面有抽屉分隔，让用户不必探身取物，那就非常完美了。会议还在进行的时候，设计人员已经通知车间做好准备，下午在回工厂的汽车上，大家拿出了设计方案。

当天，设计和制作人员不眠不休，晚上，第一代样机就出现在迈克的面前。看到改良后的产品时，迈克难以置信，他的一个念头在 17 个小时内就变成一个产品，他感慨地说：“这是我所见过的最神速的反应。”

第二天，海尔全球经理人年会闭幕晚宴在青岛海尔国际培训中心举行，新的冷柜摆在宴会厅中。当主持人宣布，这就是迈克先生要求的新式冷柜时，全场响起热烈的掌声。如今，这款冷柜已经被美国大零售商西尔斯包销，在美国市场占据了同类产品 40% 的份额。

现代许多职场人一味地强调忙碌，却忘记了工作成效。做事并不难，人人都在做，天天都在做，重要的是将事做成。做事和做成事是两回事，做事只是基础，而只有将事做成，你的工作才算真正完成了。如果只是敷衍了事，那就等于在浪费时间，做了跟没做一样。做了并不意味着完成了工作，把问题解决好，才称得上是真正完成了工作。所以，我们要想有好的发展，在工作时就不能将目光只停留在做上，而应该看得更远一些，将着眼点放在做好上。日事日清的员工只有把做好作为执行的关键，才能圆满地完成工作任务。

我们现在缺少的不是制度的建设与创新，而是贯彻与执行的力度。政策再好、制度再全、标准再高、要求再严，如果具体执行的人不认真、不负责、不尽心，其效果也不会好。

◆ 高效能工作决定你的竞争力

理智的老板，更愿意选择一个主动做事、日事日清的员工。因为，站在老板的立场上，一个缺乏时间观念的员工，不可能约束自己的懒惰意识，而全身心地勤奋工作；一个自以为是、目中无人的员工，无法在工作中与别人沟通合作；一个做事有始无终的员工，他的工作效果值得怀疑。一旦你有这些不良习惯中的一个，给老板留下印象，你的发展道路就会越走越窄。因为你对老板而言，已不再是可用之人。

有三个人到一家建筑公司应聘，经过一轮又一轮的考试，最后他们从众多的求职者中脱颖而出。公司的人力资源部经理在第二天召集了他们，将他们三人带到了一处工地。

工地上有三堆散落的红砖，乱七八糟地摆放着。人力资源部经理告诉他们，每个人负责一堆，将红砖整齐地码成一个方垛，说完他就在三个人疑惑的目光中离开了工地。

A 说：“我们不是已经被录用了吗？为什么将我们带到这里？”

B 说：“我可不是应聘这样的职位的，经理是不是搞错了？”

C 说：“不要问为什么了，既然让我们做，我们就做吧。”然后就干了起来。

A 和 B 同时看了看 C，只好跟着干起来。还没完成一半，A 和 B 明显放慢了速度。A 说：“经理已经离开了，我们歇会吧。”B 跟着停下来，C 却一直保持着同样的节奏。

人力资源部经理回来的时候，C 只差十几块砖就全部码齐了，而 A 和 B 只完成了三分之一的工作。经理对他们说：“下班时间到了，回去吧。”A 和 B 如释重负地扔下手中的砖，而 C 却坚持把最后的十几块砖码齐。

回到公司，人力资源部经理郑重地对他们说：“这次公司只聘用一名设计师，获得这一职位的是 C。”

A 和 B 迷惑不解地问经理：“为什么？我们不是通过考试了吗？”

经理告诉他们：“原因就在于你们刚才的表现。”

哪个老板不喜欢重用一个工作认真负责、没有任何敷衍的员工？如果说，出身和学历是走向成功的阶梯，那么日事日清的工作态度就是你迈向成功的助推器。

每个人的能力都是可以培养的，这就意味着工作态度将决定一个人竞争力的高低。因此，身在职场，每一个人都要以认真负责的工作态度走好每一步。即使你什么能力也没有，但在你踏踏实实、日事日清地完成工作的过程中，你会得到锻炼，你的能力自然也就得到了提升。

职场中人，只要努力工作，就能找到成长的秘诀。如果你将工作视为一种积极的学习，那么每一项工作中都包含着许多个人成长的机会。成功者的经验证明：付出世界上最多的努力，才能获得世界上最大的幸福，要想获得最大的成就，就必须付出最大的努力去奋斗。

机会总是藏在工作深处，只有努力的人，才能够看到机会究竟藏在哪里。日事日清、兢兢业业的人，实际就是抓住机会的人；逃避工作的人，实际就是放弃机会的人。

世界上最大的金矿不在别处，就在我们自己身上。只要我们认真对待工作，以一颗责任心面对问题，在工作中不断思考，就能发现机会，创造不同凡响的人生。机会和财富从来不会青睐毫无准备的人。对于每一个平凡而普通的人来说，工作就是财富，工作就是幸福。日事日清，就是珍惜工作的每一天，从工作中发现机会和财富。

对工作敬业负责，对企业忠诚坚贞，不轻视企业也不轻视自己的工作。遇事积极主动，自动自发地工作，从不找借口推卸责任，懂得在工作中注重细节，明白工作中无小事，想着把工作做得更好的人，是企业最需要的人。

每个员工的一小步，就是企业的一大步。员工是企业得以持续发展的坚实基础，只有员工进步了，企业才会不断成长和壮大。同样，只有企业发展了，员工才能获得进一步的成长。实现自我、获得成功，把自己打造成高素质、高竞争力的优秀员工。在实际工作中积极适应企业发展，与企业一同进步，终将成为企业中不可或缺的日事日清型人才。

永葆进取心，追求日事日清，日清日高，是成功人士的信念。它不仅造就了成功的企业和杰出的人才，而且促使每一个努力完善自己的人，在未来不断地创造奇迹，不断地获得成功。

掌握方法，化难为易提高效率

成功学大师拿破仑·希尔在著作《思考致富》一书中，提出一个疑问，即为什么是“思考”致富，而不是“努力工作”致富？只知道努力工作的人并不一定会获得成功。放眼古今中外，成千上万的成功者无不是善于思考的人，而世间伟大的发明无不出自人的头脑，出自思考的源头。所以，职场人如果善于开发“头脑”，挖掘出自己最大的潜能，找到方法，就没有做不好的工作。

方法是效率的保证，是解决问题的关键。当你的工作或生活中出现僵局或困难的时候，找对了方法，一切问题就都能够迎刃而解。

有个小村庄，村里除了雨水没有任何水源，为了解决这个问题，村里的人决定对外签订一份送水合同，以便每天都能有人把水送到村子里。有两个人愿意接受这份工作，于是村里的长者把这份合同同时给了这两个人。

两个人中一个叫艾德，他得到合同后，便立刻行动起来。每日奔波于湖泊和村庄之间，用他的两只桶从湖中打水运回村子，并把打来的水倒在由村民们修建的一个大蓄水池中。每天早晨他都比其他村民起得早，以便当村民需要用水时，蓄水池中已有足够的水供他们使用。艾德起早贪黑地工作，很快就开始挣钱了。尽管这是一项相当艰苦的工作，但是艾德很高兴，因为他能不断地挣钱，并且他对能够拥有两份合同中的一份而感到满意。

另一个获得合同的人叫比尔。令人奇怪的是，自从签订合同后比尔就消失了，几个月来，人们一直没有看见过比尔。这令艾德兴奋不已，由于没人与他竞争，他挣到了所有的送水钱。

比尔干什么去了？他做了一份详细的商业计划书，并凭借这份计划书找到了四位投资者，一起开了一家公司。六个月后，比尔带着一个施工队和一笔投资回到了村庄。比尔的施工队花了整整一年的时间比尔的施工队修建了一条从村庄通往湖泊的大容量的管道。

这个村庄需要水，其他有类似环境的村庄一定也需要水。于是，比尔重新制定了他的商业计划，开始向其他需要水的村庄推销他的快速、大容量、低成本并且卫生的送水系统，每天他能送几十万桶水。无论他是否工作，几十万人都要消费这几十万桶水，所有的钱都流入了比尔的账户中。显然，比尔不但开发了使水流向村庄的管道，而且还开发了一个使钱流向自己钱包的管道。

从根本上说，你接受了什么样的理念，就决定了你站在多高的台阶上，能看得有多远，而你按照什么样的方法来工作，则决定了你能走多远，能成为什么样的人。理念决定起点，方法决定你真正能够达到的人生高度。

把事情变复杂很简单，把事情变简单却很复杂。人们在处理事情时，要把握事情的主要实质，把握主流才能解决最根本的问题。尤其要顺应自然，不要把事情人为地复杂化，这样才能高效率地把事情处理好。

工作中，我们会发现，一份常见的商业建议往往会有厚厚的一叠纸；一些高层管理者的计划书中，密密麻麻的都是目标。但优秀公司的制度一般都具有简洁的特征。

宝洁公司的制度具有人员精简、结构简单的特点，该制度与宝洁公司雷厉风行的经营风格相吻合。在长期运行中，宝洁公司“深刻简明的人事规则”顺利推行后，效果良好。

宝洁公司品牌经理说：“宝洁公司有一条标语——一页备忘录，它是我们多年来管理经验的结晶。任何建议或方案多于一页对我们来说都是浪费，甚至会产生不良的后果。”

宝洁公司的这一风格可以追溯到前任总经理理查德·德普雷，他强烈地厌恶任何超过一页的备忘录。他通常会在退回的冗长的备忘录上加一条命令：“把它简化成我所需要的东西！”如果该备忘录过于复杂，他还会加上一句：“我不理解复杂的问题，我只理解简单明了的！”

聪明的人办事都讲究直接、简单。他们大都具备无视“复杂”的能力，他必须不为琐事所缠，他能很快分辨出什么是无关紧要的事项，然后立刻砍掉它。

优秀的组织和个人要懂得给自身“瘦身”，把事情简单化处理，使之更有效率、更有活力，从而得到更好的发展。

在有限的时间做好更多的事

时间管理是现代人必备的一项技能，是提高工作效率最有效的武器。一个人工作是否有效率，能否圆满完成任务让领导满意，在很大程度上取决于他是否能够合理地管理和利用好自己的时间，在最短的时间内做好更多的事。

外国一家权威机构曾对2000位职业经理人做了调查研究，结果发现，凡是成绩优异的经理人都能够非常合理地利用时间，让时间消耗降到最低限度。

著名保险推销员弗兰克·贝格特自创了“一分钟法则”，他请求客户给予他一分钟的时间，让他介绍自己的工作服务项目。一分钟一到，他自动停止自己的话题，并谢谢对方给予他一分钟的时间。由于他遵守自己的“一分钟服务”，所以在一天的时间经营中，他的业绩斐然。

“一分钟时间到了，我说完了！”控制在一分钟之内，既遵守了自己的承诺，维护了自己的尊严，也没有减少别人对自己的兴趣，而且还有助于对方珍惜自己这一分钟的服务。

某公司的老板为了提高开会的质量买了一个闹钟，开会时每个人只准发言八分钟。结果这项措施不但使开会有效率，而且让员工分外珍惜开会的机会，把握发言时间。

时间对于每个人来讲都是公平的。一个人要想在自己的工作中取得良好的成绩，按时保质地完成任务，就应当充分利用每一分钟的价值，做好自己的时间管理工作。

董林是一家顾问公司的业务经理，一年大约能够接下 100 个案子。她有很多时间是在飞机上度过的。她认为和客户维持良好的关系非常重要，所以她常常利用在飞机上的时间写信给他们。

一次，一位同机的旅客在等候提领行李时和董林攀谈起来："我早就在飞机上注意到你，在 2 小时 48 分钟里，你一直在写信，我敢说你的老板一定以你为荣。"董林笑着说："我只是有效利用时间，不想让时间白白浪费而已。"

像董林一样，成功的职场人士都是珍惜时间、有效利用时间的人，他们使每一分钟都具有价值。这样的人做事高效率，他们自然也不会将一大堆工作上的问题留给老板处理。

也许有人会说，时间管理只是一种形式而已，再怎么管理，不都是 24 小时吗？其实，这是对时间管理的一种误解。时间管理主要是通过不同的工作方法，避免时间浪费，从而提高时间的利用率。当你的时间利用率提高了，你每天能做的事情多了，不就相当于多出了几个小时吗？

某部门主管因患心脏病，遵照医生嘱咐每天只上三四个小时班。但后来他惊奇地发现，这三四个小时所做的事在质和量方面与以往每天花费八九个小时所做的事几乎没有两样。原来他引入了时间管理方法，每天先把工作列出主次急缓，然后去安排工作，这样就提高了效率。尽管他的工作时间缩短了，但由于做出了最合理有效的时间安排，他的工作效率反而得到了提高。

由此可见，做好时间管理，合理利用自己的时间，是提高工作效率、提升工作价值的重要方法。那么，我们应当怎样管理好自己的时间，使自己把工作做得更好呢？

机不可失，时不再来。抓紧时间，可以创造机会。没有机会的人，往往都是任时间流逝的人。很多时候，机会对每一个人都是均等的，行动快的人得到了它，行动慢的人错过了它。所以，要抓住机会，就必须与时间竞争。

有许多人，整日“两眼一睁，忙到熄灯”，可还是感到时间紧迫、不够用。他们精疲力竭，来去匆匆，总是不能从容自如，甚至不能按期交付工作。要想赢得老板的赏识，不把问题留给老板，我们就要学会合理安排自己的时间，抓住关键，掌握工作重点。

争取时间的唯一方法是善用“零碎时间”。把“零碎时间”用来做零碎的工作，可以最大限度地提高工作效率。比如在车上时、在等人时，可用于学习，用于思考，用于简短地计划下一个行动等。充分利用“零碎时间”，短期内也许没有什么明显的感觉，但经年累月，将会有惊人的成效。

人不论干什么事情，都要讲求效率。效率高者，事半功倍；反之，则事倍功半。提高时间利用率，让时间增效，是做好时间管理的重要方法。

做好时间管理，合理安排日清工作

假如你想成功，就必须认识到时间的价值。事实上，凡是在事业上有所成就的人，都十分注重时间的价值。他们不会把大量的时间花费在没有价值的事情上。

接待客户是很多人经常要做的工作，同时也是一件十分消耗时间的事情，一个善于利用时间的人总是能判断自己面对的客户在生意上的价值，如果对方有很多不必要的废话，他们都会想出一个收场的办法。

处在知识日新月异的信息时代，人们常因繁重的工作而紧张忙碌。如果想提高自己的工作效率，让自己忙出效率和业绩，就要向这些珍惜时间的人学习，培养自己重视时间的习惯。

在日常工作、生活中，我们经常会有这样的感觉：虽然我们方向无误，目标明确，工作起来也很努力，每天忙得团团转，可就是复命的时候没有什么明显的效果。相反，有些人每天不慌不忙，如同闲庭信步，却卓有成效，总有事半功倍之效。

工作需要章法，不能眉毛胡子一把抓，要分轻重缓急。这样，才能一步一步地把事情做得有节奏、有条理，避免拖延。而其中的一个基本原则就是，把时间留给最重要的事情，把最重要的事情放在第一位！

伯利恒钢铁公司总裁理查斯·舒瓦普为自己和公司的低效率而忧虑，于是去找效率专家艾维·李寻求帮助，希望李能卖给他一套方法，告诉他如何在短时间里完成更多的工作。艾维·李说：“好！我10分钟就可以教你一套至少提高效率50%的最佳方法。”

“把你明天必须要做的最重要的工作记录下来，按重要程度编上号码。最重要的排在首位，以此类推。早上一上班，马上从第一项工作做起，一直做到完成为止。然后用同样的方法对待第二项工作、第三项工作……直到你下班为止。即使你花了一整天的时间才完成第一项工作，也没关系。

“只要它是最重要的工作，就坚持做下去。每天都要这样做。在你对这种方法的价值深信不疑之后，叫你公司的人也这样做。这套方法你愿意试多久就试多久。”

经过实施，舒瓦普认为这个方法很有用，不久就填了一张25000美元的支票给艾维·李。舒瓦普后来坚持使用艾维·李的那套方法。五年后，伯利恒钢铁公司从一个鲜为人知的小钢铁厂一跃成为美国最大的不需要外援的钢铁生产企业。舒瓦普常对朋友说：“我和整个团队坚持先做最重要的事情，付给艾维·李的那笔钱我认为是我的公司多年来最有价值的一笔投资。”把时间留给最重要的事如此重要，但却常常被我们遗忘。我们必须让这个重要的观念时刻浮现在我们的脑海中，每当一项新工作开始时，必须先确定什么是最重要的事，什么是我们应该花费最大精力重点去做的事。

分清什么是最重要的事情并不容易，我们常犯的一个错误就是把紧迫的事情当成最重要的事情。

紧迫只是意味着必须立即处理，比如电话铃响了，尽管你正忙得不可开交，也不得不放下手里的工作去接听电话。紧迫的事情通常是显而易见的，它们会给我们造成压力，逼迫我们马上采取行动。但它们往往是容易完成的，却不一定是很重要的。

根据紧迫性和重要性，我们可以将每天面对的事情分为四类，即重要且紧迫的事、重要但不紧迫的事、紧迫但不重要的事、不紧迫也不重要的事。

你在平时的工作中，把大部分的时间花在哪类事情上？如果你长期把大量的时间花在重要且紧迫的事情上，那么可以想象你每天的忙乱程度，一个又一个问题会像海浪一样向你冲来，你十分被动地一一解决。时间一长，你早晚有一天会被击倒、压垮，上级再也不敢把重要的任务交给你。

只有重要而不紧迫的事才是需要花大量时间去做的事。它虽然并不紧急，但决定了我们的工作效率和业绩。只有养成先做最重要的事情的习惯，对最具价值的工作投入充分的时间，工作中的重要的事情才不会被无限期地拖延。这样，工作对于遵从日事日清的你就不会是一场无止境、永远也赢不了的赛跑，而是可以带来丰厚收益的事情。

我们提倡在工作中提高效率，更快更好地完成任务，但是，并不是说要以延长工作时间，甚至是牺牲自己的休息时间为代价。解决这一问题的关键是找方法，找到适合自己的工作方法，不但能够保证工作高效地完成，你还能从中享受到工作的乐趣。

整天工作并不代表高效率，因为业绩和达成业绩花费的时间并不一定成正比。在你感到疲惫的时候，即使强迫自己工作、工作、再工作，也只会耗费体力和创造力，工作却并不一定有成效。这时候，我们需要暂时停下工作，让自己放松。每当你放慢脚步，让自己静下来，就可以和内在的力量接触，获得更多能量重新出发，这也是高效率工作的一种策略。一旦我们能了解，工作的过程比结果更令人满足，我们就更乐于工作了。

“善于掌握时间的人，才是真正伟大的人。”也就是说，只要我们能够合理地利用时间，把时间用到该用的地方上去，我们就能够让时间发挥出最大的效益。因为时间虽然是在一刻不停地流逝，但它并不是不可控制的。掌握了时间的特性，你就能游刃有余地做你应该做的事，发挥你的最大潜能。

能力篇

提高自己的工作技能，发现、总结工作中遇到的问题，提出疑问的同时也有解决问题的能力，善于思考，突破创新，进取赶超，匠心不懈。

〇合作　　〇突破　　〇匠心　　〇创新

第九章
团结就是力量

时刻明白自己不是一个人在战斗

曾经有一个问题：按照现代管理团队的思想，《西游记》里唐僧师徒四人组成的取经团队，如果要裁掉一个人，有谁可以被裁掉？有人说要裁掉唐僧，因为他是团队里唯一不会飞的，不仅走得慢，而且老给团队带来麻烦；也有人说要裁掉孙悟空，这个猴子个性太强，野性难改，与企业文化格格不入；还有人要裁猪八戒，因为他好吃懒做，一心想回高老庄；也有说要裁沙僧，说他是个吃闲饭的，关键时候指望不上。

很明显，这个团队谁都不能裁。为什么呢？在这个取经的团队里，唐僧是一个领导者，他给大家制定战略目标，没有他，就根本不存在取经的任务，而且最后是要他交接经书的，所以他是不能裁的；孙悟空是业务骨干，降妖除魔全靠他，没有他，众人恐怕早变成妖怪锅里的菜肴了。所以，他也不能裁。那么，整天嚷着要散伙的猪八戒要不要裁呢？当然也不能裁掉。猪八戒是团队中的润滑剂，可以调和某些矛盾，尽管他喜欢抱怨，但他对任务还是毫不含糊的，该拼命的时候一样操起大钉耙就上。沙僧就更不能裁了。每个团队都需要踏踏实实干活的人，这种任劳任怨挑担子的员工，任何团队都不会嫌多。因此，这个团队里，虽然每个人都有缺点，却一个都不能少，缺了谁都难以顺利完成取经任务。

这就是团队的力量。每一个个体都有缺陷，但是团结在一起就是一个强有力的团队，就是一个战则能胜的团队，就是一个一步一个胜利的团队。在他们身上，我们看到的绝对是 1+1>2 的完美执行力。

迪士尼动画公司是创意工业的基地。公司里有各种不同的部门，所以加强团结和沟通在公司内就非常重要。

一部优秀的动画片是这样诞生的：首先，一个好的创意被领导层讨论通过后，董事会的副主席和经理就会召集动画片制作的总裁开会。

在这个会议上，大家把公司各个部门的意见汇总讨论，从而确定最佳方案。方案确定之后，公司开始召集另一些人员开会，这些人员包括导演、艺术指导、幕后指挥等许多一线工作人员，这个会议则是具体讨论动画片的制作和构想，直到拿出一个一致意见。

在这个过程中，领导不会端起架子，摆出高高在上的姿态，而员工也不会为了迎合领导而放弃自己的真实想法，每个人都畅所欲言，真正做到集思广益。因为他们明白，自己是团队的一员，需要团结一心地向着一个共同目标努力。

迪士尼公司出产的动画片都是团队成员团结合作的结果。

在现代社会，企业要想在市场中占据一定的优势地位，拥有竞争力，就必须打造一个优秀的团队，甚至可以说，优秀的团队能够成就一个企业的辉煌，而一个一盘散沙的团队必将断送企业的前程。每一个员工在工作中都应该跟其他同事优势互补、取长补短、团结协作，从而形成合力，使整个团队以强大的动力向着公司的战略目标前进，实现个人和企业的共同发展。

在非洲的草原上，如果你看到羚羊在奔逃，那一定是狮子来了；如果你见到狮子在奔逃，那就是象群发怒了；如果你见到象群在逃命，那一定是蚂蚁来了！单个的蚂蚁虽然很渺小，但是，当它们团结起来作为一个集体的时候，它们的力量却让整个象群都害怕。一个优秀的团队可以发挥出不可想象的战斗力，可以创造出令人难以置信的奇迹。只有团结，我们才能走得更远，飞得更高。

◆ 主动融入团队

我们知道，大雁每年都要进行长途跋涉，北雁南飞一般都采用 V 字形或者一字形飞行，这种飞行方式可以使雁群节省能量，更快更轻松地飞行。不仅如此，雁群还是一个非常完美的团队，它们内部有明确的分工：领头雁负责带队，因为它的体力消耗太大，所以领头雁会经常跟其他大雁交换位置；放哨雁在大家休息或者觅食的时候，不食不眠地负责警戒安全工作；青壮的大雁则会照顾老幼。科学研究表明，大雁组队飞行的速度要比单独飞行高出 22%。

一个和谐的团队，必然如雁群一样有着一个共同的奋斗目标，并且团队内部分工明确、责任明确。每个人都有条不紊地进行自己的工作，每个人都要帮助他人，也可以得到他人的帮助，这样可以扬长避短，使团队力量整体得到优化，从而获得更大的战斗力，这样才能更好更快地实现团队的目标。

个人的力量是有限的，而一个有着高效执行力的团队整体战斗力必然是十分强大的。一个优秀的员工不会只依靠自己的力量傻干蛮干，而是会聪明地融入团队，与他人互帮互助。这是一种高超的职场智慧，也是提升个人执行力的必然要求。

曾经有一位明星棒球队员叫罗德基思，他是职棒大联盟西雅图水手队的球员，由于表现抢眼，他一度成为许多球队哄抢的对象。

正因为如此，罗德基思也开出了许多匪夷所思的条件。比如，他要求2000多万美元的年薪；在训练场，他要拥有自己专属的棚子；要有供他自由使用的私人飞机等。

最后，原本对罗德基思势在必得的纽约大都会队决定放弃他。其实，以纽约大都会队的财力来说，他们是完全能够满足罗德基思的条件的，但是他们仍然放弃了。他们认为，年薪问题倒是其次，主要是其他特殊待遇绝对不能被允许。如果答应了罗德基思的条件，也就等同于默许罗德基思独立于球队之外，这对整个球队是非常不利的。

胜利需要的是一支25个球员密切配合、团结一致的团队，而不是24个球员加1个特殊球员的偶像派组合。

如果我们在工作中不懂得融入团队，不仅会影响团队的工作，也不利于自己的成长。其实，个人目标和团队目标并不冲突，一个人只有从团队的角度出发考虑问题，才能获得团队与个人的双赢。在工作中，如果我们每个人都能够把个人目标和团队目标融合在一起，把个人融入团队，那么这个团队就是战无不胜的。如果我们选择了特立独行，就成了这个团队的不稳定因素，相当于队伍里的定时炸弹，这样的人随时会给团队带来不可预料的损失，一个优秀的团队是不允许有这种人存在的。

一个人就像一滴水，很容易被干旱征服；一滴水只有把自己融入大海这个团队之中，才能够拥有长久的生命力，才能够抵御风险、战胜困难。因此，在工作中，只有把自己的理想融入团队的奋斗目标，我们才能更快更好地实现人生价值。

学会分享才能共赢

现代社会，如果我们总是以自我为中心，凡事都首先为自己考虑，不懂得分享，就很难得到别人的认可、支持和帮助。这样的人是缺乏大局观和团队意识的，是组织中最不受欢迎的人。相反，如果一个人懂得分享并乐于分享，那么他就更容易与他人进行信息的交流，与团队中的成员向着同一个目标共同努力，积极行动，实现共赢。

霍世昌是圣安娜饼店的创始人之一，为什么是之一呢？因为他曾把一个极具前景的创业计划分享给了另外两个人。

霍世昌创业时只是一个22岁的毛头小伙子，那个时候正在电灯公司做一些有关技术维修方面的工作。这个时候他谈了一个女朋友，她喜欢做些点心、蛋糕之类的食品，霍世昌非常喜欢吃。

霍世昌吃完以后就有了一些想法。他想，自己的女朋友只是跟着师傅学习了几天，就做出了这么好吃的东西，那她师傅做出来的点心肯定更受欢迎啊！

于是，霍世昌就找到了这位师傅，跟他说了自己想开西饼店的想法。虽然当时西饼业在中国香港并未呈现出蓬勃发展的势头，但是两个人英雄所见略同，都觉得这是一个“阳光产业”。于是，他们决定开店。

那位师傅有技术，霍世昌有想法，但是当时他们都没有钱，还得找一位投资人，才能把店开起来。

于是，霍世昌做了一份包含预算、地点、资金、经营等详细内容的可行性计划书，然后找一位朋友商量，跟他分享了这个很值得憧憬的创意。他的朋友看过后，很高兴霍世昌给他送来了一个赚钱的好点子。于是，朋友很爽快地接受了计划书，他们三个便成为合伙人。

后来，他们每年增设一家分店，霍记饼店的生意越来越红火。

如今，当人们问起霍世昌是如何发家的时候，他总是笑着回答：“我是靠借钱开饼店，靠朋友发财的。”

假如霍世昌是一个不懂得分享的人，即使他空有这个创意，但是一没技术，二没资金，再美好的创意也无法成为现实。霍世昌懂得分享，他把这个创意分享给懂技术的师傅，分享给有资金的朋友，就这样实现了自己的理想。

懂得分享才能共赢。分享的可以是看得见的物质利益，可以是精神方面的荣誉，也可以是思维上的一个创意。不论是在生活中还是在工作中，有时候别人的一次分享就可以转动我们命运的车轮，使我们的人生难题迎刃而解。

人们曾经为世界上哪种植物最结实而争论不休。直到有一天，有人提到了红杉，争论的声音才终于平息下来。红杉的高度一般为 90 米，相当于 30 层楼的高度。

木秀于林，风必摧之。一般来说，越是高大的植物，要想站得更稳，它的根系就必须扎得更深。但是红杉并非如此，它的根很浅，在人们的想象中，只要一阵大风，它就会倒下。但是，拥有如此高大的树干和根系深度不成比例的红杉树却无惧风雨，巍然屹立。它们到底是如何做到的呢？

原来，红杉树不是单独生长的，它们只要长，就是一大片，一棵接着一棵，一行连着一行，它们紧紧依靠着，它们的根系彼此联结在一起。因此，即使是再猛烈的狂风，也无法撼动根部紧密相连的红杉树。

每一棵树的树根力量并不大，但是它们彼此相连，如此一来，每一次狂风到来，它们都是以一个整体在对抗，这就是一股无法战胜的力量。

如果我们也能够学会分享，像红杉树一样把自己的力量分享给别人，同时也借助于别人的力量，让自己的根更坚固，那么我们就能够抵御各种风险，解决各种困难。

懂得分享是一种积极的生活方式，也是一种充满善意的处世哲学。叔本华说："单个的人是软弱无力的，只有同别人在一起，他才能完成许多事业。"分享是联结团队成员之间的纽带，只有与他人共享信息和资源，分享荣誉和机会，才能与他人在团结互助的氛围下实现共赢。现代社会，单个人的力量太小，只有懂得分享的人才更容易得到周围同事和朋友的帮助，才能借助众人的力量走向成功。

不当最短的那块木板

如果你是一位管理者，现在公司经营面临困难，需要裁员，那么你会裁掉谁呢？

管理学中有一个著名的“木桶理论”，以前的水桶都是用一块块的木板箍起来的，决定一个木桶盛水量的不是最长的那块木板，而是最短的那块木板。

这个道理非常简单，对于一只木桶来说，其中的某一块木板或者几块木板再高都没有用，水　漫过了最短的那块木板就会溢出。在一个公司里，肯定也有这样的“短板”员工存在，这样的员工拖了公司的后腿，制约了公司的发展。

因而，回到开头的问题，在任何一家企业中，“短板”员工都是裁员名单的人选。要想在职场上得到发展，就不要成为团队里那个最差的人，不然，团队淘汰成员的时候，一定第一个就会想到你。

松下幸之助有日本的“经营之神”之称，他年轻时曾经在一家电器商店当学徒，他的工作就是干些杂活。

当时，同时进入这家店里帮工的还有另外两个学徒。开始时，三个人的薪水都很低，薪水少了，自然就动力不足，所以，另两个学徒不再像刚开始时那样勤快上进了，而是工作日渐马虎、消极应付起来。

松下幸之助以前从来没有做过电器方面的工作，他看什么都觉得新奇，面对着那么多的电子产品，他有了危机感。

为了提高自己，他开始学习电器知识，时间不够用，他就每天比别人晚下班，用这段客人很少的时间阅读各种电子产品的说明书。他还报名参加了电器修理培训班，希望自己能成为一个有技术、懂知识的电器行家。

他花了大量的时间来学习电器知识，通过不断的努力，他终于从一个对电器一窍不通的学徒，变成一个专家。当顾客来购买电器的时候，他侃侃而谈，有时候还自己动手修理那些坏掉的电器，或者利用那些坏电器的零部件重新设计组装。

店主感到非常惊奇，也对他大为赞赏，不久便聘请他做了正式员工，提高了他的薪水待遇，并且将店里的很多事情都放心地交给他处理，这为松下开创自己的事业打下了坚实的基础。

在一个企业中，许许多多的员工共同构成了企业这个组织，如果因为某个人的能力不足或者执行力不强，影响了企业的整体发展，那么企业的“这块短板”就该拿掉了。

对于一家企业来讲，也许自己的团队已经存在很长时间了，团队里的领导和下属感情非常深厚，即使有些员工不能完全胜任自己的工作，但出于照顾老员工等现实因素的考量，领导也不忍心辞退他。这样的情况确实存在，但是这对公司的长远发展绝对是不利的。企业最终经营不善破产，才是对整个团队最大的伤害。

通用电器公司以几乎令人不可想象的速度持续成长了几十年，创造了企业发展史上的奇迹。全世界的企业家都在探索通用电器公司成功的秘密，学习通用电器公司前首席执行官杰克·韦尔奇的管理方法。

杰克·韦尔奇成为全世界企业界追捧的对象。他说：“我不懂怎么造飞机发动机，也不懂得电视行业，但是，我知道怎样选拔合适的人到合适的岗位。”他极力提倡在组织中对员工绩效进行区分。每年，韦尔奇要求领导们必须区分出哪些人是最好的 20%（A 类），哪些人是中间的 70%（B 类），哪些人属于最差的 10%（C 类）。

短板本身也是有用的，只不过短板会制约企业的发展，因为个体的落后而影响了整体的实力，其他木板都在加长，短板的负面作用就会更加明显，企业要往前走，迟早是要丢掉这个包袱的。

人无远虑，必有近忧。在职场中行走，我们一定不能安于现状，甘于平庸，今天公司还蒸蒸日上，你还过着衣食无忧的日子，明天就可能风云突变，陷入危机，而任何一家企业精简人员时，都只会留下那些能力出众、能给团队带来明天的员工，而平庸懈怠的人就要被淘汰。我们要防止这样的悲剧发生在自己的身上，就要不断提高自己，只有每个团队成员都不断得到提高，才能使木桶盛的水越来越多，个人的职业前途才能更加美好。

合作共进，要有团队精神

300年前，陶器厂里的工人制造陶器，每个步骤都需要自己亲力亲为，自己挖泥，自己运泥，自己拌土，自己制坯，经过反反复复的十几道工序之后，一件像样的陶器才能制成，整个过程可能要历时几天。

但在1769年以后，这种古老的生产方式出现了极大的变革，英国人乔赛亚·韦奇伍德突发奇想地将他手下的工人进行了分工，原本的陶瓷工人被细分为挖泥工、运泥工、拌土工、制坯工。韦奇伍德的这种方法也给他带来了巨大的收益：平均算下来，韦奇伍德的工厂产量领先当时的行业平均水平数倍以上。

后来，美国汽车工程师福特将这种方法运用到汽车制造行业当中，从此，“流水线”式的合作代替了单打独斗的传统工艺，成了整个工业时代的主流。

这就是合作的妙处。一个人的力量毕竟是有限的，很多时候，我们要想更高效、高质量地完成一件事，就必须与他人合作。

工作中尤其要有合作精神，即便我们是技艺高超、能力出众的“匠人”，也不能单打独斗，而是要与团队中的每一位成员合作共进。

井深大在大学毕业后进入了索尼公司，那时的索尼还是一个只有20

多人的小公司，但老板盛田昭夫却充满了信心。他对井深大说：“我知道目前公司实力有限，但是只要我们团结起来，公司就有希望壮大。你是一个优秀的电子技术专家，我要把你安排在最重要的岗位上——由你来全权负责新产品的研发，怎么样？你这一步走好了，公司也就有希望了！”

“我很愿意付出我的努力，为公司的振兴而奋斗。但是，您让我负责产品的研发，我觉得自己还不是很成熟，虽然我很愿意担此重任，但实在怕有负重托呀！”虽然深井大虽然对自己的能力充满信心，但是，他还是知道盛田昭夫压给他的担子有多重——那绝对不是靠一个人的力量就能应付过来的。

盛田昭夫立即很严肃地说：“如果你有这样的思想，说明你还不够成熟。我之所以让你负责这件事，就是出于对你能力的信任。诚然，新的领域对每个人都是陌生的，一个人的力量也是有限的，但是只要你和大家联起手来做这件事，相信一定可以取得成功的。我相信你有这个能力！众人的智慧和力量合起来，还能有什么困难不能战胜呢？”

刚才还忧虑重重的井深大听完盛田昭夫的话之后，一下子豁然开朗：“对呀，我怎么光想自己？不是还有20多个员工吗？为什么不虚心向他们请教，和他们一同奋斗呢？”

于是，他找到市场部的同事一同探讨公司产品销路不畅的问题，他们告诉他：“老式收音机之所以不好销，一是太笨重，一台大约四五公斤；二是价钱太贵，每台售价好几万日元，一般人很难接受。您能不能往轻便和低价上考虑呢？”井深大点头称是。

然后，他又找到信息部的同事了解情况。信息部的人告诉他：“目前美国已采用晶体管生产技术，不但大大降低了成本，而且非常轻便。我们建议您在这方面下功夫。”他回答：“谢谢！我会朝着这方面努力的！”

在研制过程中，他又和生产第一线的工人团结合作，终于攻克了一道道难关，在1954年成功试制出日本最早的晶体管收音机，并顺利推向市场。索尼公司由此开始了发展的新纪元！

在索尼振兴的整个过程中，井深大就好像一个足球队的队长，在公司的发展过程中充分地发挥了灵魂作用。他深谙合作的重要性，能充分调动每一个员工的积极性，把团队的力量发挥到了极致，终于取得了伟大的成就，而他也因此荣升为索尼公司的副总裁。

像井深大这样能力出众的人才，仅凭一己之力也研制不出晶体管收音机。不要在工作中坚持个人英雄主义，要知道，每个人都有自己的长处与短处，在某些时候，我们的能力可能高过他人，而在另一种情景下，我们也可能技不如人，其他人则会比我们做得更好。弥补个人的这种不足，便是团队存在的价值所在。

一个有能力的员工一定会具备团队精神，他会十分乐意给同事提供帮助和支援，同时，他也会在团队中营造良好的气氛，最后促使整个团队不断向前发展。

大学毕业后，程菲菲和曹雯同时应聘进一家公司，两人还很巧合地被安排在同一个部门工作。工作中，不论是工作方法，还是待人接物，程菲菲与曹雯都有很大的不同。程菲菲总是喜欢笑嘻嘻的，和谁都能说上几句话。初来乍到，遇到不明白的地方，程菲菲总是请求前辈指点。很快，她就和办公室的同事们打成一片。曹雯则显得有点冷冰冰的，她觉得只要自己把工作做好就行，不愿意去处理职场的人际关系。

虽然工作上还不够熟练，但是，程菲菲总是愿意在其他小事上为同事们多做一点。比如去茶水间泡咖啡，程菲菲习惯问问大家还有谁要喝咖啡；下楼吃饭，看到同事加班走不了，就主动给同事带饭上来；去复印文件，看到同事打印好的文件放在那里，就给同事顺手带回来。

曹雯却不同，她觉得自己刚来公司，有那么多东西要学习，哪有时间替别人做事呢？更何况，在她眼里，复印文件之类的小事，根本就是个跑腿打杂的人才干的，而自己可是通过严格面试进来的办公室职员。

试用期很快就要结束了，转眼就到了考核的日子。这次考核是检验新入职员工进入公司以来的表现，将决定他们最终的去留。其中一项考核内容与团队合作有关，实际上就是由办公室同事投票，检验试用期职员是否具有处理好职场人际关系的能力。

结果毫无悬念，程菲菲得到了同事们的支持，而曹雯的支持率却不到50%。最终，虽然在能力考核方面，曹雯稍稍领先程菲菲，但是曹雯最终因为得不到同事的支持而没有通过考核。

曹雯之所以会被淘汰，完全是因为她缺乏团队精神，只想“各人自扫门前雪，休管他人瓦上霜”。她没有意识到，很多时候，帮助同事其实也是帮助自己，因为她也是团队中的一员，当团队的气氛变得更加和谐，团队成员之间的关系变得更加友好时，最后受益的也包括她自己。

团结就是力量，合作才有出路。我们每个人都应该在团队中成长，以开放的心态去接纳和帮助团队中有共同追求和奋斗目标的人。只有携起手来，精诚合作，朝着同一个方向前进，我们才是一名合格的工匠，我们才能在事业上有所成就。

第十章
打破常规的束缚，切忌墨守成规

◆ 创新思维创造奇迹

在公司中最受欢迎的永远是那些能够提出新思想、有创新能力的员工。创新是一个企业的灵魂，也是一个员工取得核心竞争地位的重要因素，运用创新思维，才能打造人生奇迹，实现人生价值。

我们总是很羡慕一些发明家、科学家，然而，却没有想到谁也不是天生的发明家，很多新科技的发现往往并不是专业人士研究出来的，而是源于一些普通人的突发奇想。我们都是发明家，因为我们都有一个不断创新的头脑。一些人之所以能成功，并不单单因为他比普通人拥有更多的知识，还因为他懂得创新，并抓住了创新的机会，他们敢于打破常规，从新的角度去思考问题，追求突破，追求新意。

法国著名的化妆品公司——香奈儿公司开始是一个名不见经传的小品牌，没有什么名气。有一天，一位员工找到领导，并向领导提出了一个看似很荒唐的建议。后来，人们在报纸上看到一则这样的新闻：一个名叫香奈儿的公司精心挑选了十位容貌不佳的模特，将在周六晚上亮相巴黎大舞台。人们的好奇心立刻被勾了起来，大家都想要看看那些模特，更想看看这个公司葫芦里到底卖的什么药。

周六晚上，巴黎大舞台果然聚集了很多看热闹的人，当香奈儿公司精心挑选的十位模特登场的时候，人人都惊呼果然是容貌不佳，基本还很丑。这个时候，香奈儿女士笑容可掬地走出来，她告诉大家，请大家给她几分钟展现香奈儿化妆品的魔力。几分钟之后，十位模特再次登场，人们眼里看到的是一个个风情万种、各有特色的美女。从此，香奈儿品牌名声大噪。

和香奈儿一样，日本东芝电器公司曾经遇到电扇滞销的难题，很长时间以来他们的电扇销量都停滞不前，公司高层人士想了不少办法，但是仍然不能取得很好的效果。这个时候，一个员工向公司提了一个建议，那时候的电扇都是黑色的，这个员工提议给电扇着色，让电扇不再是单调的黑色。公司经过商量以后，决定采用这个建议，不久以后，市场上开始有了浅蓝色的电扇，东芝电器公司滞销的电扇很快销售一空。

一个好的创意能使一个濒死的公司活过来。当一个解决方法不能够解决问题的时候，一种新的角度或者新的思想能在瞬间开辟一条新的路径。走在别人开辟出来的道路上，我们永远也不可能走出自己的路，只有创新，才能突显自己的价值，实现企业领跑。创新直接关系到员工的未来，只有能不断创新的员工才能做职场上纵横驰骋的骄子。

创新并不是要你去改变世界，工作遭遇瓶颈需要你的创新，问题乱成一麻也需要你的创新。在工作中，创新很多时候是一种思维的转换。只要能适时地转变自己的思想，每个人都可能成为聪明的创新者。

所有的大公司招聘人才时虽然都有自己的侧重点，但是他们都有同一个要求，那就是新员工必须能够自主创新，有自己的创意。因为创造性地解决问题是一个人智慧的综合体现。

一个有创新思维的人，即使你的经验不是最丰富的，技术不是最熟练的，但是因为你有善于创新的大脑，那么在工作中你所创造的价值也是非凡的。能够创新的人就是懂得变换角度看问题、不墨守成规的人，这样的人一旦进入一个公司，就像给一潭死水注入了新的生命力，不但能够更出色地完成自己的任务，而且能为公司的大目标做出自己的贡献，成为受领导器重的人。在工作中，我们要发挥自己的奇思妙想，从不同的角度去思考问题，找到问题最快、最有效的解决办法。

有所突破，有所创新

当今社会正在步入一个创新的时代，不会创新的员工是最容易被企业抛弃的。在越来越多的企业中流传着这样一种说法：一流员工积极创新，末流员工故步自封。积极创新的员工，是跑得最快的员工，是企业中最受欢迎的员工，这样的员工才会前程似锦。故步自封的员工，终将会被淘汰。毫无疑问，我们应该争当积极创新的员工。实践证明，凡是取得非凡成就的人无不深知创新之理，熟谙创新之术。他们明白，世界是变化着的，困难是层出不穷的，要想超越现状、有所突破，就只能创新。

有时候，工作上一个小小的创新之举，常常会带来意想不到的收获。令人遗憾的是，我们的一些员工往往囿于过去的“经验”，因循守旧、故步自封，从而造成工作被动的局面。

开拓创新，我们既要有敢为人先的勇气，又要有较高的个人素质，应该积极地刻苦钻研，探索新问题，掌握新知识，开发新技术，争取“每天进步一点点”，努力成为所在领域的行家里手；在遇到疑难问题时，能够讲出独立的观点，提出超前的思路，拿出切实的意见。在当今社会，不论从事什么工作，学习已成为人的第一需要，一刻不学习、不进步，就会面临被社会淘汰的危险。创新思维与知识密切相关，试想，如果连新知识、新事物都不知道、不熟悉、不懂得，谈何创新思维？因此，要做到创新思维，就要有较高的个人素质。

在我们的工作当中，或多或少都会存在问题。有问题不要紧，关键是要善于发现问题，及时认识到自身的不足。只有发现问题，才能解决问题，才能为创新思维提供素材，创造“入口”。发现问题是解决问题的关键，发现问题是创新的起点。科学上很多重大的发明与创新，与其说是问题的解决者促成的，不如说是问题的寻求者促成的。

伽利略对亚里士多德的自由落体定理的科学修正及创新，非常清晰而准确地说明了这一点。因为比萨斜塔上的试验几乎人人可为，但是能意识到并发现这一问题存在的仅有伽利略一人。就像每天有无数的人烧开水时都见到水开时壶盖会跳，但没有人能像瓦特那样提出问题：壶盖为什么会跳？正是瓦特的这个问题，蒸汽机才被发明，从而直接推动了人类社会由农业文明进入工业文明。

这些理论与实践都非常有力地证明了一个简单却又十分重要的命题：一切创新都始于问题的发现，而发现问题又源于强烈的问题意识。所以如果不发现问题，创新精神及创新活动将成为无本之木。

创新需要落到实处，需要具有可操作性、可模仿性的创新方法。虽然初期效果是无法预测的，但是如果不创新，我们的工作就无法进步，效益和技术就无法得到有效的提高。

如果企业现在正处于转型创业时期，那么每个员工都有责任在工作中融入创新元素，从而为出色地完成工作任务，为公司的进步和发展贡献出自己的全部智慧和力量，争做一流的员工。

突破思维定式，不做经验的奴隶

每个人都有从小到大形成的某种思维模式，它或根据自己的体验得出，或从课本上学到，或者是别人的经验，总之，很多人都在这样的经验中生活。但是，世界在一天一天变化着，过去的经验随着时间的推移和情况的转变已经变得不适用了，我们应该突破思维定式，不要做经验的奴隶。

在工作中经常能遇到意想不到的事情，这时候一定要打破常规的思考方式，找到解决问题最简单、最有效的方式。也许很多人都知道突破思维定式的重要意义，但就是没有胆量去改变，似乎改变就意味着对以前的否定。事实上，改变过去并不是否定过去，而是使自己更加完善。换了一家餐馆吃饭不仅同样能让你吃饱，还能让人尝到更多新鲜的口味。

皮尔·卡丹是著名的服装品牌，然而，谁能想到皮尔·卡丹创始人年轻的时候一贫如洗，甚至自己都没有一件像样的衣服呢？

在进军巴黎“世界时装之都”之前，皮尔·卡丹只是一个小小的学徒，但是他醉心于时装设计，在当学徒的时候，他不仅认真做好自己的本职工作，还虚心向前辈请教，从不满足于现状。他不断翻新自己服装的花样，很快就小有名气，甚至一些有钱人家太太小姐指名让这个年轻的学徒给她们设计衣服。

创建公司的时候，皮尔•卡丹才28岁。在竞争激烈的时装之都，皮尔•卡丹的公司简直可以算是富豪区的“贫民窟”，除了满脑子不同于别人的想法，皮尔•卡丹几乎一无所有。然而，他天生就是一个喜欢挑战的人，越是不可能的任务，他越是要做，而且还要做好，他从来不相信有别人能做而自己做不到的事情。皮尔•卡丹大胆的设计风格、独特而价格适中的女性服装，很快就有了一个很大的市场。之后，皮尔•卡丹的目光又看向了男性服装，并且也取得了很好的成绩，创造出享誉世界的国际品牌。

从皮尔•卡丹的故事中我们可以看出，一个人是否能成功并不取决于他的资产是不是足够丰厚，而在于他是否能够创新，是否敢于打破墨守成规的习惯。如果一个公司的人都是用同样的思维方式去思考问题，那么碰到一个新问题的时候，仅仅会得到一个解决方案。公司的整体方向会越走越窄，这对于企业来说是非常危险的。只有员工敢于打破常规，企业才能在职场上具有长久的竞争力。

看看我们周围的世界，同样表情不同面孔的人太多了，他们每天过着千篇一律的生活，接收着相似的信息，或许其中的很多人想要改变，但是大多数人还是按照原有的思考方式去思索自己如何改变，这样只能在原地踏步，还是做了经验的奴隶，仍然无法冲破自己固有的思维模式。那些敢于突破思维定式的人，一定是敢于创新的人，他们不畏惧他人的目光，始终坚持自己的观点和态度，或许他们在短时间内会让身边的人觉得无法接受，但是时间会证明一切。

不要被经验束缚

在非洲的撒哈拉沙漠，骆驼是最重要的交通工具，人们需要用它驮水、驮粮、驮货。在长途跋涉中，一头骆驼比十个青壮年能携带的重量还要重，所以家家户户都会饲养骆驼。骆驼虽好，但驯服起来很难，一旦它狂躁起来，十几个人也拉不住。

为了驯服骆驼，在它们刚出生不久，养骆驼的人就得在地上埋下一根用红线缠裹的鲜艳木桩，用来拴骆驼。骆驼自然不愿意被小木桩拴着，它拼命地拽绳子，想把木桩拔出来。但木桩埋得很深，且被绑上了沉重的石头，就算是十几头骆驼一起用力，也很难把木桩拔出来。折腾了几天后，骆驼筋疲力尽了，开始不再挣扎。

这时，主人把木桩上缠裹的红线拆下来，坐在木桩上，用手悠闲地拉住拴骆驼的绳子，不停地抖动。不甘受人摆布的骆驼又开始狂躁起来，它觉得自己比人要强大得多，又开始拼命地拽、挣扎，把四只蹄子都折腾出血来，可紧拉缰绳的人却依然纹丝不动。骆驼渐渐地臣服了，不再折腾。

第二天，牵骆驼缰绳的人，换成一个小孩子。骆驼再次发起野性，结果还是摆脱不了束缚。此时此刻，骆驼彻底被驯服了。从这天起，只要主人拿着一根拴骆驼的小木棍，随便往地上一插，骆驼就围着那个小棍转来转去，再不敢和木棍抗衡。随着身体一天天长大，它已经习惯了被小棍牵着的生活，再不想挣脱。

被驯养的骆驼自然听话，但也经常会发生悲剧。有时，当沙暴突然降临，骆驼队的人为了防止自己的骆驼迷失，就会迅速在地上插一根木棍，把一头或几头骆驼全都拴在小棍上。即使骆驼的主人被巨大的沙暴远远裹走了，骆驼们也会死死地待在小棍周围，若是主人始终回不来，没人拔掉木棍，它们就会一直待在原地，最终被活活饿死。

与其说骆驼是被饿死的，倒不如说它们是死于经验和习惯。不可否认，经验对我们有一定的帮助，在工作上能提供诸多的便利。可是，如果死守着经验，总是按照习惯去做事，不懂得变通和创新，就可能被经验束缚，影响潜能的发挥。

通用电器公司有一位销售主管，他在担任此职务六年中，使分公司的销量大幅度上升。在一次大型的销售行业交流会上，不少人都想听听他的成功秘诀。

然而，他的回答却让人大跌眼镜："唯一的原因，恐怕就是我坚持雇佣没有经验的推销员。"

这听起来有点不可思议，众人都等着他给出进一步的解释。看到大家不解的样子，他接着说："大家别误会我的意思，我不是贬低有经验的推销员，可就我们公司所销售的设备来说，一个有几年销售经验的人，未必比一个刚刚接受过培训的年轻人做得更好。更多的时候，一些有经验的销售老手，不太愿意改善他的推销能力，反倒会养成一大堆的陋习。个人愚见，有些分公司销售量持续降低的原因，极有可能是他们雇佣的推销员在谋求个人利益方面太有经验了。如果是一个没有经验的推销员，反倒会好一些，他们更愿意尝试用全新的方法来创造好的业绩。更重要的是，他们会比在这个行业里做了20年的人，更有热情。我相信，一个人在工作上的表现，取决于他渴望达到的程度。一个在公司里拥有了相当职位的老员工，通常会想坐下来享受那种生活方式，而不会花费太多时间去创造更好的销售纪录，一个新手却会为了不断改善业绩而付出更多的努力。”

其实，这番话说得很有道理。心理学研究发现，我们所使用的能力，大概只占自身所具备能力的2%~5%，每个人还有诸多潜力待挖掘。要打开潜力的大门，超越现在的自己，就要打破常规思路，摆脱经验的束缚，去找寻新的方法。

发明家保尔·麦克里迪在一次接受记者采访时，说起了这样一件事：我曾经告诉我儿子，水的表面张力能让针浮在水面上，他那时候才10岁。当时，我问他，有什么办法能把一根很大的针放到水面上，但不能让它沉下去。我年轻时做过这个试验，我想提示他的是，借助一些工具，比如小钩子、磁铁等。而我儿子却不假思索地说，先把水冻成冰，把针放在冰面上，再把冰慢慢化开，不就可以了吗？

“这个答案，简直让我惊讶万分！它是不是可行，已经不重要了，重要的是，我绞尽脑汁也想不到这样的办法。过往的经验把我的思维僵化了，而我的孩子却不落俗套。”

在工作生涯中，学识和经验是时间赐予我们的财富，也是走向成功的基石。但如果你渴望不断地超越，有时就该跳出经验，打破常规，不要被它制约和扼杀了潜能。只有不被经验束缚的人，才能在未来的路上赢得更多的机会。

不随大流，走不寻常的路

由于互联网的普及，所有的信息都能快速地传播开来。这时候，很多趋势就形成了。要想在职场中拥有绝对的一席之地，就不能盲目地随大流，要有自己的特色，走自己不寻常的路，才能立于不败之地。

有一个著名的毛毛虫实验，说的是把许多毛毛虫首尾相连，围成一圈，把他们放在一个花盆边缘，并在离花盆不远的地方撒满毛毛虫喜欢吃的树叶。于是，毛毛虫开始沿着花盆一个紧接着一个地爬。一小时过去了，毛毛虫还是那样首尾相连地爬着。一天过去了，毛毛虫还是在那样爬。七天之后，它们不爬了，所有的毛毛虫都因为饥饿疲惫而死，没有一条毛毛虫偏离爬行的轨道，依旧是首尾相连的方式，死在食物旁边。也许不应该用圆形的花盆做实验，因为毛毛虫以为自己一直在前行。但是，即使换成别的形状，真的会有毛毛虫离开队伍，独自找寻食物吗？

在工作中，很多人每天干着一样的工作，他们对现状不满，但是从不要求改变，因为其他人也是这样生活的。

然而，只有把大流摆在一边，把自己的脑子从“都一样”的怪圈里解放出来，自己单独坐下来思考属于自己的人生道路的时候，这个员工才算有了灵魂，才能做出令自己和领导满意的成绩。工作中遇到困难的时候，人们喜欢拿出以前用的方法，像套公式一样生硬地套进去。可是，世界上没有两个问题是完全一样的，当问题不能完美解决的时候，有些人还是不敢打破固有的思维方式，不能够推陈出新，找到一条合适的路。这其实非常不利于企业和个人的长远发展。

李悌是一个不喜欢按常理出牌的人，他的想法总是让人觉得莫名其妙，甚至是荒诞的。但是，正是他这种不跟风、不随大流的个性，成就了他自己，也成就了宝丽来。

开始决定在中国台湾销售宝丽来的时候，李悌做过一番市场调查。当时中国台湾地区眼镜市场上大多是一些低廉的便宜货，虽然价格不高，但是质量很没保证。李悌就是抓住市场的这个特点，定下了一条死规定：任何在中国台湾出售的宝丽来眼镜都不准降价或者打折出售。因为他认定了宝丽来这种真正有偏光、摔不破，又能过滤紫外线的高质量的太阳镜性价比比那些动不动就打折的便宜货高很多。不久，事实证明李悌是正确的，宝丽来成为和劳力士、欧米茄一样的高档品牌。

促使李悌成功的，就是他那种不跟风、不随大流的性格。条条大路通罗马，尤其是现代社会，变化越来越快，竞争也越来越激烈，怎样使自己不淹没在时代的大潮中呢？那就得另辟蹊径。很多公司都有着铁一样的规章制度，很多人也都严守着这样的铁律，以为一切按照公司制度来就可以相安无事了。然而，这样的想法大错特错。在始终变化的环境中保持不变，本身就是一种风险。在极度需求创意的时代，保持旧的想法和理念，也就意味着企业的落后。

所以，在实际工作中，我们不能老是跟在别人身后转，适用于别人的方法并不一定适用于自己。职场中的精英们一定要运用自己的思维，突破局限，创造性地开展工作，如此才能在工作中干出成绩。

第十一章
坚持不懈，培养工匠精神

坚持不懈，靠毅力做事

工作不能只是靠着一时的热情。在现实生活中，有的人不缺乏才华与能力，也不缺乏信心和干劲，却始终不能达到一定的高度。究其原因，就是缺乏一颗百折不挠的恒心和一份持之以恒的毅力。

虽然这些人也有远大的抱负，在工作与学习中也可以做到废寝忘食，但是他们往往只凭着自己的一时热情顺势而为。顺利时，他们士气高昂，一旦遇到一些外界的干扰时，就会变得灰心丧气，甚至放弃自己的追求。

我们应该清楚，任何一个人在工作中都不可能一帆风顺，必然会遇到一些让自己不顺心的事情，它可能来自同事之间的不理解，也有可能来自领导的不重视，还可能来自奋斗目标本身带所来的巨大压力……凡此种种就会使原本的雄心万丈变为一蹶不振。其实，这就是缺乏恒心与毅力所造成的严重后果。

一位65岁的老人想从北京步行到上海参观世博园，她觉得这样游览世博园才有意义。她经过长途跋涉，克服了重重困难，终于到达了目的地。有一位记者采访了她："这路途中的艰难险阻是否曾吓倒过您，您又是如何鼓起勇气完成徒步旅行的呢？"

老人平静地答道："没什么呀，一步一步地走路是不需要什么勇气的，关键是你的目标要明确，要清楚到哪儿去！"

我们都渴望成功，可你是否知道，走向成功要有明确的目标，并向着目标不懈努力。伟大往往孕育在平凡之中，战胜困难就是将一个巨大的困难分解成一个个的小困难并不断地走下去，坚持就是胜利。有了目标，我们实现目标的桥梁就是我们做的具体工作，通过做事，带着目标一路前行，我们会发现正在做的事情有很多我们没有发现的乐趣，善于发现旅途中的风景，旅途就会变得很愉快。

工作要坚持到底的第一个奥秘就是"把简单的事情做好，就是不简单"。

古希腊大哲学家苏格拉底思维敏捷，关爱众生且为人谦和。许多青年慕名前来向他学习，听从他的教导，都期望成为像他那样有智慧的人。在学生当中，很多人天赋极高，大家都希望自己能脱颖而出，成为苏格拉底的继承者。一次，苏格拉底对学生说："今天我们只学一件最简单也是最容易的事，每个人都把胳膊尽量往前甩，然后再尽量往后甩。"苏格拉底示范了一遍，说："从今天起，每天做300下，大家能做到吗？"学生们都笑了，这么简单的事有什么做不到的？

第二天，苏格拉底问学生：“谁昨天甩胳膊甩了300下？做到的人请举手！”几十名学生的手都“哗哗”地举了起来，一个不差。苏格拉底点了点头。

过了一个月后，苏格拉底问学生：“谁这一个月都坚持了？”有九成的学生骄傲地举起了手。

一年后，苏格拉底再一次问大家：“请告诉我，最简单的甩手动作还有哪几位同学都坚持了？”这时，整个教室里，只有一个学生举起了手，这个学生就是后来成为古希腊另一位伟大哲学家的柏拉图。他继承了苏格拉底的哲学并创建了自己的哲学体系，还培养出了哲学家亚里士多德。

与“每天甩手三百下”一样，许多看似简单的事情，其实际的意义并不在于事情本身，而在于做这件事情的过程中对一个人的意志品质的修炼。一如既往地做好简单的事情，是坚持，是积累，时间长了，便会内化成为人的一种韧性。

有恒心、有毅力是每个成功人士都必须具备的一种品质。在工作的过程中，难免会遇到各种各样的困难，但只要我们能够树立起恒心，拿起希望，放下悲伤，就能实现自己的人生目标。

用心做事才能把事情做好

在当前严峻的经济形势下，只有更加用心地去工作，才能把事情做得更好，才能克服困难、应对挑战。认真做事，就是按照企业规定的细则去办，这样至少不会把事做错，也不会有人会说你做得不对，只会说你已经认真地完成了本职工作。

所谓用心做事，就是不但要按照单位的规则章程去做，而且要有一定的悟性和创新，这就需要我们围绕怎样把事情做得更完美来动脑子。这样，别人就会说你很好地创造性地完成了工作。

认真做事可能更多的是迫于外在压力，机械地、不折不扣地完成某件事。而用心做事除了有认真层面的意义外，更多的是发自内心的用心做事。

虽然上述两种方法都完成了工作，效果却不一样。前者有点按部就班，后者强调运用智慧，而且后者更易得到大家的认可。

那么，怎样才是“用心”呢？“用心”就是用脑筋去思考、用思想去指导、用观念去武装、用行动去落实。只做表面文章而不能深入到实质，不算“用心”。为了做事而做事，不是“用心”做事；推托工作，更不是“用心”做事。用心做事就是把事情做得更好，而不是把事情做完。

用心去工作才能把工作做得更加完美。一个认真工作的人，只能称作称职；而一个用心工作的人，才能达到优秀。用心去工作，必须有强烈的事业心。事业心是一种精神，是一种力量，是一种动力。强烈的事业心可以影响、带动、感染他人。

“聪明的人能把事情做好，精明的人能把事情做得更好，高明的人能把事情做到最好。”比尔·盖茨这句话十分正确。把事情做到最好，不是一句空口号，而需要我们在工作当中付出实际行动。

把事情做到最好的关键还是要用心。只要不断提高业务能力，讲究做事的方式方法，就一定能够将事情做到最好。我们要时刻提醒自己“把事情做到最好”，并将这种精神贯彻到工作中去，才能够尽职尽责、尽善尽美地完成好工作。

在岁月的长河中，有心之人会不断累积经验、方法；无心之人则被动应付，推一下动一下，做一天和尚撞一天钟。有心之人会用自己的真心、诚心、良心去做事，面对任务，积极寻求推进工作的方式、方法。

在拍摄《我的父亲母亲》这部电影时，章子怡曾经为了成功地拍摄站在雪地里等男友，并让眼睫毛上挂有非常细小的雪粒的场景，她屏住了自己的呼吸，慢慢地等待眼睫毛上的雪凝结，最终顺利地完成了该场景的拍摄。当收工时，章子怡却站在那里没动，因为在雪地里站得太久，她的两只脚都冻僵了。

如果我们只是努力地去做事，而不用“心”去做事，那么我们不仅不能达到预想的结果，反而会偏离了方向。用心做事者，不仅用手更用脑，他们把职业当成自己的终身事业来做，什么时间该做什么事情，心中早已有数。

为了事业，全身心投入，做事前运筹帷幄，决策周详；做事时，精益求精，不仅能顺势而为，更能逆势而上，坚定执着，永不放弃，不仅用手，更用脑。迈克尔·乔丹为什么能成为“篮球之王”？他的回答是“我不是用四肢在打球，而是用脑子在打球”。他的意思就是要开动脑筋，用心打球。

员工们要及时对自己的工作进行回顾、总结和反思，养成从工作中学习知识、积累经验、发现问题、探究规律和吸取教训的习惯，用古人“三省吾身”的标准来不断提升自己。

今天上班了，明天还想上，这是事业；今天上班了，明天还得上，这是职业。我们只有把每天的上班当成事业去用心对待，才能把事情做好。

把简单的事做到不简单

衡量一个员工是不是称职的标准就是看他能不能把每一件事都完成得很好。一个优秀的员工总能把每一件很简单的事情做得很成功，能把每一件平凡的事做得不平凡。

每个人都希望自己是职场中的精英，是商场上的英雄，但并不是每个人都能如愿以偿。那些成功的人往往就是能把一件简单的事情做到不简单的人，在这样的人眼里，事情不分大小，只有一定要完成。谁说送外卖是一件简单的事？谁说认认真真工作的清洁工不是了不起的人？那些在工作中总是不愿意自己动手的人往往都是一些态度不端正、好高骛远的人，而这样的人无论在哪个岗位，都无法获得长远发展。一个公司的业务本来就是由一些大大小小的事构成的，那些简简单单的小事都没办法做好的人，领导怎么敢让他们干大事呢？

周皓是一名交通警察，从一个二十几岁的毛头小伙子到现在接近不惑之年的成熟男人，周皓在马路上那块小小的地方站了十几年。他从来都是笑对自己的工作，每一天都尽职尽责地指挥交通。他的指挥点是交通事故发生最少的地方。

周皓从来不觉得自己身为一名交警有什么不好，他总是向身边的人骄傲地说自己是一名非常重要的交通警察。上下班高峰期的时候，周皓的指挥点却井然有序，车行虽然缓慢，但是却没有堵塞的情况出现。夏天，太阳像火一样烤着大地，不管有多热，周皓从来没有擅离岗位。在行人闯红灯的时候，周皓总是能及时地出现并制止这种危险的行为。他珍爱自己的生命，也珍爱行人的生命，他的座右铭是“站一天岗就做好一天的交警”。

远远看见周皓笔直坚挺地指挥交通的身影，附近的居民觉得自己很安全。周皓就像一盏安全指示灯，告诉所有人，只要他在的地方，交通就是有序的，出行就是安全的。

谁是最可爱的人？就是那些兢兢业业、为自己的本职工作尽心尽力的人，就是那些不以事小而不为的人，就是那些将简单的事情做得不简单的人。只要把最简单的事情出色地完成了，就是一个不简单也不平凡的成功者了。

把简单的事情做到不简单是一句很容易说的话，但是真正做到的有几个人呢？有些员工总是一天到晚不停地抱怨公司不给自己机会，领导对自己重视不够，但是当机会真正到来的时候，你真的紧紧把握住了吗？公司给你的最简单的事情都是给你的机会，都是对你的器重，将这些事情做好了，你就一定会受到重用。

干一行爱一行，干一行就要干好一行。世界上没有低级的工作，也没有简单的行业。不管现在的你在公司担任什么职位、做什么样的事情，都不要眼高手低，将事情做到最好，就是获得职业发展的最好方法。是金子总会发光，总有一家公司会发现你，让你实现自己的价值。

培养工匠精神，成就完美自我

工匠精神落在个人层面，就是一种认真精神、敬业精神。其核心是：不仅仅把工作当成赚钱与养家糊口的工具，而是树立起对职业敬畏、对工作执着、对产品负责的态度，极度注重细节，不断追求完美和极致，给客户无可挑剔的体验。将一丝不苟、精益求精的工匠精神融入每一个环节，做出打动人心的一流产品。

1999 年，19 岁的宋俊从宝钢中专毕业，来到冷轧机组旁，一干就是十年。然而，他在回顾自己的成长过程时，却对这段岁月念念不忘。他说：“正是这十年在岗位上的打磨和沉淀，奠定了我厚积薄发的基础。”

2008 年时，针对高牌号硅钢的需求量日益旺盛的市场，企业决定对宋俊所在的宝钢三期酸连轧机组进行升级换代，并力邀他加入攻关小组。虽然当时宋俊只是一名高级工人，但同事们认为这个勤勉的人有着扎实的操作技术。

宋俊凭借丰富的现场操作经验，与院校科研人员、现场技术人员通力协作，从一个个部件改造、一种种试剂调配入手，接连攻克了酸洗通板、抗反弯焊接、高速轧制等生产难题，形成了一系列专有装备技术，掌握了高牌号硅钢的酸连轧关键工艺。

由此，宝钢硅钢的生产效率较传统方式提升了五倍以上，所生产的高牌号硅钢产品达到国际先进水平。

“高牌号硅钢酸洗液脱硅工艺优化”是宋俊独立完成的第一项创新成果。分厂领导惊喜之余，提醒他尽快申报技术秘密。宋俊眼前一亮：“从专注于实际操作到科研理论与实践的结合，我看到了适合于自身条件的岗位创新之路。”

此后，短短八年的时间里，宋俊拥有了授权专利108件，认定企业技术秘密121件，形成先进操作法1项。

“我明白了一个道理，工人的出息就在自己的岗位上。”宋俊感慨道。

并不是人人都要做工匠，但工匠精神却是每一个职场人做好本职工作必不可少的一种精神。我们需要工匠精神，不仅是为了把工作做好，还要在做好的过程中体会乐趣，树立工作的尊严。工作是一种将毕生岁月奉献给一门手艺、一项事业、一种信仰，这个世界上有多少人可以做到呢？如果要做到、做好需要一种什么精神支撑呢？那就是工匠精神。

当你真正拥有了工匠精神，你会很容易感知工作的乐趣，并产生有诚意的劳动成果，人们也会从你的“作品”中体会到你的良苦用心，感受到每一个细节的美感与专业。无论这样的成果是什么，它已经被你的全心投入赋予了灵魂。

对工作多些耐心，永不言弃

作家伏尔泰说过："要在这个世界上获得成功，就必须坚持到底，至死都不能放手。"做任何事情要想取得成功，都需要点滴积累，如果我们总是半途而废，那就意味着我们前期的所有努力都白费了。一旦我们养成了半途而废的习惯，就很有可能一辈子都一事无成。所以，当我们认定了前进的方向，确定了自己的目标，就一定要坚持下去，直到做出一番成就。

在外人看来，这个绰号叫斯帕奇的小男孩在学校里的日子应该是难以忍受的：他读小学时，各门功课成绩常常亮红灯；到了中学，他的物理成绩通常是零分，他成了所在学校有史以来物理成绩最糟糕的学生。斯帕奇在拉丁语、代数以及英语等科目上的表现同样惨不忍睹，体育也不见得好多少。

在整个少年时期，斯帕奇笨嘴拙舌，社交场合从不见他的踪影。这并不是说，其他人都不喜欢他。事实是，在人家眼里，他就压根不存在。如果有哪位同学在校外主动向他问候一声，他都会感到受宠若惊并感叹不已。

斯帕奇在别人眼里真是一个彻底的失败者，每个认识他的人都知道这一点，他本人也清清楚楚，然而，他对自己的表现似乎并不在乎。

从小到大，他只在乎一件事情——画画。他深信自己拥有不凡的画画才能，并为自己的作品感到骄傲。但是，除了他本人以外，他的那些涂鸦从来没有其他人看上眼。上中学时，他向毕业年刊的编辑提交了几幅漫画，但最终一幅也没有被采用。尽管有多次被退稿的痛苦经历，但斯帕奇从未对自己的画画才能失去信心，并下定决心今后要成为一名职业漫画家。

中学毕业那年，斯帕奇给当时的迪士尼公司写了一封自荐信。该公司让他把自己的漫画作品寄来看看，同时规定了漫画的主题。于是，斯帕奇开始为自己的前途奋斗，他投入了巨大的精力与非常多的时间，以一丝不苟的态度完成了许多漫画。然而，漫画作品寄出后，却石沉大海。最终，迪士尼公司没有采用他的画稿。

走投无路之际，斯帕奇尝试着用画笔来描述自己平淡无奇的人生经历。他以漫画语言描述了自己灰暗的童年、不争气的少年时光——一个学业糟糕的不及格生，一个屡遭退稿的所谓艺术家，一个没人注意的失败者。

连他自己都没有想到，他所塑造的漫画角色一炮而红，连环漫画《花生》很快就风靡全世界。他笔下的查理•布朗也是一个失败者，他的风筝从来都没有飞起来过，他从来没有赢过一场足球赛，他的朋友都叫他木头脑袋。

不难发现，斯帕奇的成功源自他本人对画画的热爱和坚持。尽管他被人嘲笑，后面又遭遇接二连三的退稿，但他依旧没有选择放弃，最后因此收获事业上的成功。

永远记住，成长之路是由执着和坚守铺就的，因此，我们若想取得成功，要像工匠一样成就一番事业，就要永不言弃，坚持到底。

歌德曾这样描述坚持的意义：“不苟且地坚持下去，严厉地鞭策自己继续下去，就是我们之中最微小的人这样去做，也一定会达到目标。因为坚韧不拔是一种无声的力量，这种力量会随着时间而增长，是任何挫折和失败都无法阻挡的。”

坚韧的人从不会停下来想想他到底能不能成功，他唯一要考虑的问题就是如何前进、如何走得更远、如何接近目标。无论途中有高山、有河流，还是有沼泽，他都会去攀登、去穿越，而总有一天，他会到达目的地。

第十二章
干在实处，走在前列

始终走在别人前面

工作中，我们总是会遇到这样的人：一种是单纯地听从上级的指示，领导让干什么就干什么，让怎么做就怎么做；还有一种人，接到一个任务的时候立刻会想用什么方法解决问题。通常情况下，领导会选择后一种员工，他们始终走在别人前面，比别人领先一步。

只听指示行动的员工就像棋盘上的棋子，不但由人控制他的每一步行动，甚至还掌控他的生死，这样的员工虽然也叫执行者，但是却永远不会成为真正的执行者，只是处在被动的执行状态。一个不动脑筋干活的职员就像被绳索套住的老牛，就算埋头耕种再多，也是被人牵着鼻子走。有时候他们不仅不能把事情做好，更有可能成事不足，败事有余，这样的被动执行往往会使领导不满意。想做事的人成千上万，而领导要的是会做事的人。当一个员工在领导眼里成了可有可无、随时可以替代的对象时，他不但不会被委以重任，想要保住工作都是一个问题。

有一群和“棋子”员工不一样的员工，他们在做事情的时候能全面透彻地分析问题，找出问题的关键，然后用最有效最直接的办法将问题解决。他们不会只知道等着上司指示，因为在遇见事情的时候，他们就会积极动脑筋想出解决方案。他们把公司的事情当作自己的事情去做，不但把工作做好，而且做得漂亮，让领导看了之后心情愉快。

没有一个领导不喜欢既为自己分忧解困又为公司创造利益的员工，所以他们的升迁和加薪就成了理所当然的事情。

一家公司因为经营得非常好，就想在郊区再开发新市场，扩大生产规模。公司高层决定新市场的经理由公司内部的两个销售经理竞争，要他们各自回去准备一套方案，阐述自己对新市场开发的计划。

两个经理中，经理A是一个观念保守的人，他的销售观念和管理方法是多一事不如少一事，领导怎么说就怎么做，这样即使做错了，责任也摊不到自己头上，业务不好也是领导管理无方。他对待下属也是这样，从不允许手下的员工擅自更改领导传达给他的意见，更不允许他们自作主张地做事情，所以他管辖的部门死气沉沉，业绩也从来提不上去。

经理B则完全相反，当上面下达一个任务的时候，他总会仔细地研究一番，并且敞开心扉和自己的员工探讨。他要的效果只有一个，就是力求用最快的方法将问题解决掉，提高本部门的办事效率。在他的带领下，他手下的员工个个都有雄心壮志，做起事情来游刃有余，部门业绩从来都在全公司名列前茅。

两个经理都以最快的速度把他们的提案交上去了，结果不出所有人的意料，公司派去新市场的是经理B。因为他在提案中不仅说了自己会怎么管理新市场，还结合郊区的实际情况，全面分析了扩大生产规模所产生的影响，以及新市场的销售对象和发展前景，整个提案条理清晰、井井有条。经理A的提案尽管也中规中矩，但是从头到尾都没有提出一套具体的方案，整个提案贯穿的都是唯领导是从的思想，公司领导看后哭笑不得。

很多公司员工觉得他们在公司的任务就是干活，而不是工作，因为工作是需要带着脑子思考的，而干活就只需要服从领导的指示。他们从来不会有自己的工作思想和工作意识，上班的时候没有一个系统的工作概念，只知道有事情就做，没事情就歇着，很显然，这样的员工不可能受到重用。

一个优秀的职员绝不仅仅是按照公司的安排来做事，他们应该有冷静精明的头脑和敏锐的观察力，他们对待事情永远不是被动的，而是主动出击，自己掌控一切。这样的员工才是公司希望拥有的。

很多时候，成功与不成功就在这一步之间，凡事比别人多想一点，始终走在别人前面的人，不管走到哪个公司，都绝对是领导舍不得放弃的好员工。

着眼全局，像领导一样思考问题

迈克尔·乔丹是美国职业篮球联赛历史上最伟大的球员之一。他之所以伟大，并不仅仅是因为他有全面的技术和出众的个人能力，更为重要的是，他在赛场上能着眼全局，只要有利于球队的胜利，他就会毫不犹疑地去做，从不计较个人得失。可以说，正是他的这种着眼全局的精神和责任感，成就了他和芝加哥公牛队。

在现代职场上，有很多员工就像球场上的某些球员一样，只想着个人得分，突出自己，只想着吸引领导的目光，成为领导眼中的红人，而缺乏大局观和团队精神。其实，如果一个员工不顾大局，没有任何责任感，在工作中只顾表现自己，凡事都片面地从自己的角度出发，那么他就无法获得成长与进步。

员工应该顾全大局，像领导一样思考问题，以团队的利益为先，不要把目光局限在自己的岗位责任上。只要有利于团队利益的事情，就要毫不迟疑地去做，哪怕自己会暂时吃点亏或者受点委屈。其实从长远来看，你的全局观，能使整个团队获得更大的成功，而团队成功是个人成功的前提和保障。

老托马斯·沃特有一次在一个寒风凛冽、阴雨连绵的下午主持IBM

的销售会议。老沃特在会上首先介绍了公司当时的销售情况，分析了市场面临的种种困难。会议从中午一直持续到黄昏，一直都是托马斯•沃特一个人在说，其他人则显得烦躁不安，会议室里气氛沉闷。

面对这种情况，老沃特沉默了10秒钟，待大家突然发现这个十分安静的情形有点不对劲的时候，他对大家说："我们缺少的是对全局的思考，别忘了，我们都是靠工作赚得薪水的，我们必须把公司的问题当成自己的问题来思考。"之后，他要求在场的人都开动脑筋，每人提出一个建议。实在没有什么建议的，可以对别人提出的问题加以归纳总结，阐述自己的看法和观点，否则不得离开会场。

结果，这次会议取得了很大的成功，员工们纷纷发言，站在领导的角度上思考问题，许多存在已久的问题被提了出来，并找到了相应的解决办法。

很多人抱着"反正整个团队的事情有领导操心，我只要做好自己的事情就行了"的想法来对待自己的工作。其实，忽略全局，只盯着自己一亩三分地的岗位责任，就脱离了整个团队，是很难做出卓越成绩的。很多情况下，我们需要和领导进行换位思考，试着站在领导的角度去思考问题，只有站得高才能看得远，也只有这样，我们才会成长得更快。

着眼全局，像领导一样思考，树立这种主人翁意识，并不是说所有人都可以成为领导，而是说员工要想在职场上获得发展，就要把工作当成事业来做，要有大局观，要有团队精神。要知道，我们工作并不是单纯地为了晋升，我们既是在为自己的饭碗工作，也是在为实现自己的人生价值工作。

许多员工的态度十分明确："我是不可能永远给领导打工的。打工只是我成长的过程，当领导才是我成长的目的。"这是一种值得敬佩的创业激情，但是毫无疑问，作为一名员工，如果你不能着眼全局，不能站在领导的角度思考问题，那么当你真正做了领导的时候，你依然会欠缺这种大局观。

工作中，无论你是普通员工还是高级主管，你都不可能在没有团队其他成员支持和帮助的情况下独立完成全部任务。如果你不顾大局，没有一点团队责任感，那么你只能停留在“打工者”的认知水平和能力上，永远也不可能实现真正的飞跃。所以，为了团队的整体利益，为了自己未来的发展，要努力培养自己的团队精神与责任感，要学会站在领导的角度上思考问题。

不断赶超，以强烈的进取心努力奋斗

当今社会，竞争日益激烈，一个人没有强烈的进取心，就难以取得卓越的成就。每一个伟大的成功者都起步于一个伟大的梦想。人在工作中如果有了积极进取的愿望，不仅可以拥有非凡的能力，同时也能拥有激励自己前进的动力。

进取心和赶超精神，实际上只是形式上有差异，本质上是相同的，可以说，进取心是赶超精神更为直观的体现，也是工匠精神在一个人的职业发展中最直观的体现。有了进取心，人才能怀揣事业目标和梦想，勇往直前、不懈努力；有了进取心，人才能克服自卑、自弃，激发出自己的全部潜能；有了进取心，人才能坚持不懈，不断学习专业技术，改进工作方法，积极完善自己；有了进取心，人才会不畏艰难险阻，敢于创造出别人不敢也不能创造出的奇迹；有了进取心，人才会开拓出自己事业成功的金光大道。

进取心作为工作中的原动力，激励着人们的激扬斗志，促使人们争取事业上的成功。

王均瑶曾是均瑶集团的董事长，也是民营资本进入航空业的第一人。他从一名普通的温州辍学青年最后成为让民营资本飞上蓝天的企业家，这光彩的转身，依靠的正是其不断赶超别人的进取之心和过人的胆识，他用自身的经历打造了一个草根企业家创业、成长的神话。

王均瑶一开始外出打工时，只是一个在湖南长沙讨生活的温州小伙子。1989年春节前夕，王均瑶和一帮老乡包了一辆大巴车回家过年。在崎岖的山路上，他抱怨说："汽车真慢！"身旁的老乡就说："飞机快，你包飞机回家好了！"老乡随口一句话，竟激起了王均瑶的进取心。年轻气盛的王均瑶想：土地可以承包，汽车可以承包，为什么飞机就不能承包？

经过大半年的奔波，王均瑶终于承包下长沙至温州的航线。1991年7月28日，一架"安24"型民航客机从长沙起飞，平稳地降落在温州机场，王均瑶开创了中国民航史私人包机的先河，成为"中国私人包机第一人"。

后来，王均瑶将"包飞机"的进取心用在了做牛奶的事业上，他断定：中国是目前世界上唯一一个白酒年消费量超过牛奶的国家，年人均喝牛奶的总量不足七公斤，富起来的中国将会有越来越多的人爱喝牛奶。1994年，均瑶乳品公司成立。

1998年，王均瑶再现大手笔，在家乡温州以平均每辆70万元的价格拍得了上百辆出租车的经营权。他让每个到温州的人都能先见到"均瑶"，因为出租车跑的都是"均瑶"的品牌，这是一笔巨大的无形资产。

为了追求更高的理想，实现更大的抱负，王均瑶把公司总部搬到了上海。按说当时以王均瑶的财富，足够他几辈子吃喝不愁了。即使在温州发展，一年也能赚一两千万元，但他为什么要将总部迁移到上海呢？唯一的解释就是他想将事业做得更大。

在大多数满足于眼前的成绩、贪图安逸的人眼里，进取心是让自己吃苦受累的枷锁，可是王均瑶却以其强烈的进取心成就了自己的事业。原因何在？因为这个时代是一个需要进取心的时代。在这个瞬息万变的时代，在这个竞争压力超过以前任何一个时期的时代，在这个充满机遇和挑战的时代，进取心已经成为决定一名员工是敬业还是失职的重要标准，决定着一个人能否成就自己的一番事业。越来越多的成功者都坦言自己的进取心在事业成功中起到了重要作用。但人的进取心并非凭空而来的，要有进取心往往需要打破自己思维的局限，激流勇进，迎难而上，这样才能实现事业飞跃性的发展。

井植岁男是日本三洋电机公司的始办人，他性格豪放，决断大胆，处事果敢，不拘小节。他初入职场时，在他姐夫的公司当一名小职员，后来他觉得这不是自己想要的，于是决定自己创业。在1947年，他和几位朋友利用东拼西凑来的资金创立了三洋电机公司。当时，该公司只有20个人，从一间小厂房起步，慢慢地，在井植岁男的苦心经营和大胆开发新产品的经营思路下，公司一步步壮大。到了1993年，该公司已发展成为一家跨国经营的大企业，很多电器产品行销全球。

井植岁男创业时，曾试图鼓励其雇用的园艺师傅与自己一同创业，但这位园艺师傅因为害怕风险、缺乏勇气而拒绝了。那位师傅当时觉得凭着自己的手艺足以让一家人衣食无忧，万一和井植岁男的投资失败了，那岂不是一家老小都要缺衣少食，何苦如此呢？

很多年过去了，那位园艺师傅虽然生活得依然不错，但也没有太大的起色。有一天，他和井植岁男聊天时，暗暗叹息自己的人生没有什么亮点，还后悔地对井植岁男说：“社长先生，我看您的事业越做越大，而我却像树上的蝉，一生都坐在树干上，太没出息了。您教我一点创业的秘诀吧。”

井植岁男点点头说："行！我看你比较适合园艺工作。这样吧，在我的工厂旁有两万坪空地，我们合作来种树苗吧！多少钱能买到1棵树苗呢？"园艺师傅回答说："50日元。"

井植岁男说："好！以一坪种两棵计算，扣除走道，1万坪大约种2万棵，树苗的成本是不是100万日元？三年后，1棵可卖多少钱呢？"

"大约3000日元。"

"100万日元的树苗成本与肥料费由我支付，此后三年，你负责除草和施肥工作。三年后，我们就可以收入600多万日元的利润。到时候我们每人一半。"

听到这里，园艺师傅却拒绝道："啊？我可没有那么大的野心敢做那么大的生意！"

最后，这位园艺师傅还是在井植岁男的工厂中栽种树苗，按月领取工资，生活得波澜不惊。

可见，有进取心的人不管从事哪个行业，都是一名好"工匠"，井植岁男经过几十年的艰苦经营，把三洋发展成为世界级的大企业，正是其进取心结出的硕果。

为了做好事业，人一定要怀有进取心、赶超意识，否则，对未来抱有再美好的愿景，无进取心、无赶超意识，事业都不会做大做强。人的进取心越强，赶超意识越强，才越有可能获得成功。

◆ 不断学习进步，使自己增值

在职场中，每个人都在努力提高自己，以适应不断变化的职场环境，提高自己的竞争力，使自己在职场的激流中站得更稳，使自己在团队中的作用日渐重要。

在工作中，每一名员工都应当自觉地学习新知识、掌握新技术，不断提升个人的工作能力，让自己更轻松地面对复杂的局面，解决工作中出现的各种新问题。这是对企业负责，也是对工作负责，只有不断学习进步，我们才能胜任岗位的新变化和新要求，为企业和团队作出贡献。

卡莉·费奥莉娜女士是惠普公司前董事长兼首席执行官，她曾说："一个首席执行官最起码的要求就是不断学习。"她是这样说的，也是这样做的。

在惠普，并不是只有卡莉·费奥莉娜自己需要在工作中不断学习，整个惠普都有激励员工学习的机制，惠普的员工经常在一起相互交流学习，相互了解对方和整个公司的动态，了解业界的新动向。

最初，卡莉·费奥莉娜也做过一些不起眼的工作，可是，她无论做什么工作，都严格要求自己不断地学习进步。在工作岗位上，卡莉·费奥莉娜以最大的热情和责任心在工作中学习新的知识和技能。

她不断地总结工作中的经验，不断适应新的环境和层出不穷的变化，不断总结过去的工作方法，以便找出更佳的工作方法。卡莉·费奥莉娜正是通过不断地努力学习，保证自己紧跟时代的步伐，并在工作中找到了充实自己、不断提升自身才能的方法。

卡莉·费奥莉娜不是学习技术出身，在惠普这样一家以技术创新领先于世界的公司中，她正是通过自己坚持不断地学习，才能迅速有效地提升自我价值，并最终在人才济济的惠普公司脱颖而出。

在竞争激烈的职场中，若一名员工不愿意主动充电，不断提高自己的价值，那么他随时都有可能被淘汰。即便他曾经具备突出的能力，并且做出过出色的业绩。所以，不断学习是对自己负责，只有不断增强自己的竞争优势，善于从解决问题中学到新本领，才能逐渐走向卓越。

我们在工作中每天都会遇到新情况，每天都要接受新挑战、面对新事物，只有天天学习，才能天天进步。工作中遇到的所有难题都可以成为突破口，解决问题的过程就是收获知识和技能的过程，慢慢地总结经验教训，工作能力就能得到大幅度的提高。

在职场中生存，你可以没有高学历，可以在工作之初没有出色的能力，但是你绝不能没有责任感，绝不能在工作中贪图安逸、不思进取。因为学历和经历仅仅代表过去，唯有不断学习进步才能赢得未来。

“活到老，学到老”。这句古训应该成为我们行走职场的座右铭，只有不断学习进步，掌握新知识新技能，不断提高自己的职业水平，我们才能保持自己的竞争优势，保证事业之树常青。

◆ 提高个人多维度技能，做一个“百变人才”

企业对人才的需求正在发生变化，技术的实用性、应用性、时代性、可持续性和文化多元性等特征已经渐渐地被企业关注。在这种趋势之下，那些只掌握单一专业或技能的人的发展空间将会越来越小。如果你想在企业里保持自己的竞争力，就要学习外语、计算机、管理等方面的专业知识，使自己成为不仅懂技术，还懂语言、懂文化、懂标准、懂规范的“百变人才”。

那么，如何才能成为“百变人才”呢？

艾米和戴维去同一家展览展示公司面试英语翻译。面试时，人事主管发现艾米的英语很优秀，基本上都能对答如流，没有丝毫顿挫。戴维也不错，但是戴维在和人事主管接触的时候，不仅用流利的英语回答了人事主管的问题，而且还用英语向人事主管介绍了自己对本行业的了解程度，并且已经看到自己所能为公司做的事，这让人事主管非常欣赏戴维。结果，戴维在面试后的第二天便接到了该公司的录取通知书。

由此看出，戴维的过人之处不仅在于他对知识的熟练掌握，而且对将要从事的行业有相对详细的了解。打开相关的招聘网站时，我们不难发现一个特点，无论什么职位的招聘，企业都非常注重对其行业背景的了解。

因此，当你想要成为一个“百变人才”的时候，就必须要对本身将要投身的相关行业背景进行一定的了解。

复合型人才不仅应在专业技能方面有丰富的经验，还应具备较熟练的相关技能，其特点是多才多艺，能够在很多领域大显身手，包括知识复合、能力复合、思维复合等。当今社会最明显的特征是学科交叉、知识融合、技术集成，这一特征决定了每个人在工作中要不断地学习和探索，既要拓展知识面又要不断地调整心态，变革自己的思维，努力开发自身的创新能力。

只要善于学习，乐于研究，就不存在任何专业障碍，也不必担心工作中出现的新问题、新变化。你现有的知识、技能永远不够，但良好的学习和探索能力是你可以拥有的。

企业对具有国际化视野人才的需求量呈现不断放大的迹象。因此，员工要注重培养国际化视野和意识，而不是墨守成规，同时，还要避免进入误区。比如，什么都干一点儿又什么都不精通，频繁地转换工作等，这些人都不可能做到精通本职工作，也非真正的跨界人才。

真正的跨界型人才，一定是建立在个人职业生涯规划的基础上，有目的地积累相关多元化的职业能力的人，以实际应用、社会需要、现实问题为导向，开始我们对专业化的努力以及复合型发展，从而让我们真正成为炙手可热的“百变人才”。